普通高等教育"十二五"规划教材

高等学校计算机公共课系列教材

Visual Basic.NET 程序设计教程

王建勇　主编

科学出版社

北京

内 容 简 介

本书是根据教育部高等学校计算机基础课程教学指导委员会制定的《高等学校计算机基础课程教学基本要求》中有关"程序设计基础"课程教学基本要求编写的,为普通高等学校学生将 VB. NET 作为第一门程序设计语言课程学习的教材。

本书以 Visual Basic. NET 2008 版本为平台,以培养程序设计能力为主线,以"任务驱动"、"任务分析"和"任务实现"等程序设计思想为编写教材新思路。将结构化程序设计、面向对象程序设计、算法设计、应用程序开发等几个方面有机结合。

本书内容主要包括:VB. NET 基础、简单 VB. NET 程序设计、VB. NET 语言基础、基本控制结构、数组、过程、用户界面设计、面向对象程序设计基础、文件、数据库应用开发和 Web 应用程序开发等,章节后安排了"综合实训"和"自主学习"以拓展知识面。着眼于培养学生计算机解题的思维方式和程序设计的基本功以及用现代编程语言解决实际问题的能力。

内容结合案例由浅入深,循序渐进,讲解通俗易懂。可作为各类高等学校"Visual Basic 程序设计"课程的教材,也可以作为程序开发人员的参考书。

图书在版编目(CIP)数据

Visual Basic. NET 程序设计教程/王建勇主编. —北京:科学出版社,2011.2
普通高等教育"十二五"规划教材　高等学校计算机公共课系列教材
ISBN 978-7-03-030131-4

Ⅰ. V…　Ⅱ. 王…　Ⅲ. BASIC 语言—程序设计—高等学校—教材
Ⅳ. TP312

中国版本图书馆 CIP 数据核字(2011)第 015203 号

责任编辑:黄金文/责任校对:梅　莹
责任印制:彭　超/封面设计:苏　波

科 学 出 版 社 出版

北京东黄城根北街 16 号
邮政编码:100717
http://www.sciencep.com

武汉市新华印刷有限责任公司印刷
科学出版社发行　各地新华书店经销

＊

2011 年 2 月第　一　版　　开本:787×1092　1/16
2011 年 2 月第一次印刷　　印张:17
印数:1—5 000　　　　　字数:380 000

定价:29.50 元
(如有印装质量问题,我社负责调换)

前　言

本书是根据教育部高等学校计算机基础课程教学指导委员会制定的《高等学校计算机基础课程教学基本要求》中有关"程序设计基础"课程教学基本要求编写的,可用做普通高等学校学生将 VB. NET 作为第一门程序设计语言课程的教材。

微软公司基于它的 Internet 战略于 2000 年推出了.NET 开发平台,.NET 开发平台的发布标志着微软开发平台第一个重大转变。Visual Basic. NET 作为.NET 开发工具之一,是在 Basic 和 Visual Basic 基础上发展起来的,具有简单易用、高效的代码编写方式及完全的面向对象程序设计等特点,具有继承和重载等特性,提高了代码的可重用性,深受广大编程人员的喜爱。本书以 Visual Basic. NET 2008 版本为平台。

与其他同类教材相比,本教材具有以下特点。

(1) 采用实例引导和任务驱动的编写方法。本书中的所有知识点均以"引例"开始,围绕着"任务描述"、"任务分析"、"任务实现"提出问题的解决方法,引出相关知识点并进行归纳和总结。通过这些任务的实现过程,带动学生对知识点的学习,不但让学生掌握知识点,而且能够感知这些知识点的应用方法。

(2) 注重学生动手能力的培养。针对初学者认为程序设计难学的特点,本教材不再讲解抽象高深的理论,而是强调通过案例学习编程,从而把理论具体化。通过实例和任务的实现过程,引导学生一步步地动手实践,增强他们的成就感,激发他们编程的兴趣和爱好,从而引导他们一步步地进入程序设计的大门。

(3) 在教材体系上采取循序渐进、新老结合的方式。针对传统知识单元(如数据类型、基本控制结构、数组、过程、文件)采用传统的处理方式,并引入了一些 VB. NET 2008 的新概念和方法;对于数据库技术和 Web 开发技术则采用全新的处理方式。本书以编程的思维为重点,以算法的训练和逻辑思维的培养为主线,将新概念、新方法贯穿始终。

(4) VB. NET 2008 的常用控件和知识点有机融合。将常用的控件分散在程序设计语言相应的知识点中介绍。例如单选框、复选框等选择性按钮放在分支结构中;进度条等放在循环结构中;将列表框和组合框放在数组中。经过 10 多年的教学证明,知识点和相关控件有机结合,既有利于知识点的巩固,又能快速掌握相应控件。

本书内容简洁,将面向对象的编程思想、程序设计方法、数据库开发和 Web 开发等诸多方面有机结合。学生通过本书的学习,在夯实基础、创新能力培养等方面都有所提高,为今后计算机的学习打下良好的基础。

本书共 11 章,分别为:Visual Basic. NET 概述、面向对象的可视化编程基础、Visual Basic.net 程序设计基础、VB. NET 控制结构、数组、变量的作用域和用户交互控件、过程、面向对象的程序设计、数据库程序设计、Web 程序设计。

对于本书的教学学时,作者建议课程教学 36~48 学时,上机实践 36~48 学时。为了提高教学效果,培养学生自主学习能力和实践创新能力,本书提供了配套的《VB. NET 程序设计实践教程》以及电子教案。需要电子教案的任课老师请与作者联系,leher01@163. com。

　　本书在编写过程中参考了一些书籍及文献资料,在此谨向被引用资料的作者表示感谢!

　　本书在编写过程中得到了学校各级领导和教务处以及全系老师的大力支持,在此表示衷心感谢。感谢科学出版社的各级领导和编辑对教材的精心策划、组织和编辑。由于作者学识水平有限,研究工作也不够深入,书中难免有疏漏和不妥之处,诚请读者和同行批评指正。

作　者

2010 年 12 月

目 录

第1章 Visual Basic.NET 概述

学习要点

- 了解.NET 开发平台及其特点。
- 熟悉 VB.NET 的集成开发环境。
- 掌握基于 VB.NET 的开发应用程序的步骤。

1.1 VB.NET 及其特点

1.1.1 简单的数学计算器

【例 1.1】 简单的数学计算器。

任务描述：

编写一个简单的数学计算器程序，程序的运行界面如图 1-1 所示。程序运行时，在第一个文本框和第二个文本框中各输入一个数，然后单击相应的计算按钮（＋、－、×、÷），按钮对应运算符显示在前两个文本框之间，在第三个文本框中显示计算结果。单击"退出"结束程序运行。

图 1-1 简单的数学计算器

任务分析：

输入数据和显示计算结果可使用文本框控件（TextBox），通过文本框控件的 Text 属性获取用户输入的数据或把计算结果显示出来。显示运算符号和"="可使用标签（Label）控件，标签控件中内容的显示也是通过设置它的 Text 属性来实现的。相应命令按钮的功能可通过编写它们的 Click 事件过程代码来实现。在事件过程中首先获取用户在前两个文本框中输入的数据，再对这两个数据进行指定的运算以得到运算结果，最后把运算结果显示在第三个文本框中。在运算中需要使用 VB.NET 的一些常用运算符，如"＋"、"－"、"＊"、"/"等。要退出应用程序，直接执行语句"End"即可。

任务实现：

（1）建立用户界面并设置相关属性。

根据任务描述和任务分析，进入 VB. NET 集成开发环境后，点击左边工具箱上"所有 Windows 窗体"选项卡上的 Label（标签）、Button（按钮）和 TextBox（文本框）控件图标，在中间的窗体上建立相应的对象，然后进行相关属性设置，如表 1-1 所示。设计界面如图 1-2中间的设计窗口，运行界面见图 1-1。

表 1-1　例 1.1 的属性设置

类|控件名	属性	设置值	属性	设置值
Form1	Text	"简单的数学计算器"		
TextBox1	Text	""	Name	txtnum1
TextBox2	Text	""	Name	Txtnum2
TextBox3	Text	""	Name	Txtnum3
Label1	Text	""		
Label2	Text	"="		
Button1	Name	BtnAdd	Text	"＋"
Button2	Name	BtnSub	Text	"－"
Button3	Name	BtnMul	Text	"×"
Button4	Name	BtnDivl	Text	"÷"
Button5	Name	"BtnExit"	Text	"退出"

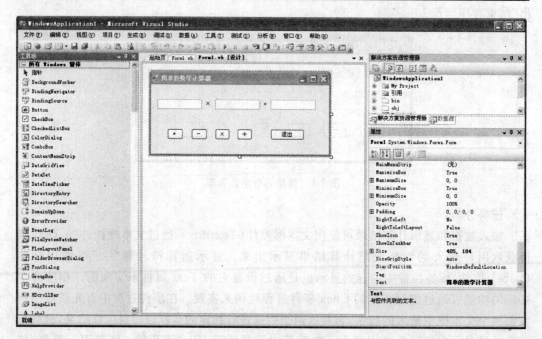

图 1-2　例 1.1 程序设计界面

（2）编写事件过程。

在代码窗口中编写 5 个事件过程，参见图 1-3。

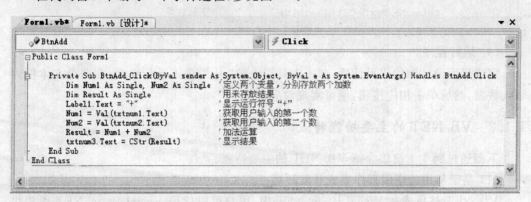

图 1-3　代码窗口

"一"、"×"、"÷"等按钮的 Click 事件过程代码，分别如下所示。

```vb
Private Sub BtnSub_Click(ByVal sender As System.Object,ByVal e As System.
EventArgs)Handles BtnAdd.Click
        Dim Num1 As Single,Num2 As Single        '定义两个变量,分别存放两个数字
        Dim Result As Single                     '用来存放结果
        Label1.Text="-"                          '显示运行符号"-"
        Num1=Val(txtnum1.Text)                   '获取用户输入的第一个数
        Num2=Val(txtnum2.Text)                   '获取用户输入的第二个数
        Result=Num1-Num2                         '减法运算
        txtnum3.Text=CStr(Result)                '显示结果
    End Sub
Private Sub BtnMul_Click(ByVal sender As System.Object, ByVal e As System.
EventArgs)Handles BtnAdd.Click
        Dim Num1 As Single,Num2 As Single        '定义两个变量,分别存放两个数字
        Dim Result As Single                     '用来存放结果
        Label1.Text="×"                          '显示运行符号"×"
        Num1=Val(txtnum1.Text)                   '获取用户输入的第一个数
        Num2=Val(txtnum2.Text)                   '获取用户输入的第二个数
        Result=Num1-Num2                         '乘法运算
        txtnum3.Text=CStr(Result)                '显示结果
    End Sub
Private Sub BtnDivl_Click(ByVal sender As System.Object,ByVal e As System.
EventArgs)Handles BtnAdd.Click
        Dim Num1 As Single,Num2 As Single        '定义两个变量,分别存放两个数字
        Dim Result As Single                     '用来存放结果
        Label1.Text="÷"                          '显示运行符号"÷"
        Num1=Val(txtnum1.Text)                   '获取用户输入的第一个数
```

```
        Num2=Val(txtnum2.Text)              '获取用户输入的第二个数
        Result=Num1/Num2                    '除法运算
        txtnum3.Text=CStr(Result)           '显示结果
    End Sub
```

(3) 运行程序。

完成界面设计和代码设计后,单击工具栏上的" ▶ ",进入运行模式;在两个文本框内输入数据,然后单击相应按钮,便可实现对应运算。

1.1.2　VB. NET 的主要功能特点

下面通过例 1.1 简单介绍 VB. NET 的主要特点。

(1) 易学易用的应用程序集成开发环境。

VB. NET 被集成在 Visual Basic. NET 中,用户可以使用 Visual Basic. NET 所提供的集成开发环境,方便地设计界面、编写代码、调试程序,把应用程序编译成可执行文件,直至把应用程序制作成安装盘,为用户提供了友好的开发环境。

(2) 面向对象的可视化设计工具。

在 VB. NET 中,应用面向对象的程序设计方法(Object-Oriented Programming),把程序和数据封装起来视为一个对象,每个对象都是可视的。程序员在设计时只需要用现有的工具根据界面设计的要求,直接在屏幕上"画"出窗口、菜单、命令按钮等不同类型的对象,例如例 1.1 中的窗体上有命令按钮、标签、文本框等,并为每个对象设置属性,VB. NET 自动产生界面设计代码。程序员的编程工作只编写针对某一对象要完成事件过程的代码,因此可以提高程序设计的效率。

(3) 事件驱动的编程机制。

事件驱动是非常适合图形用户界面的编程方式。传统的编程方式是面向过程,按照事先设计好的流程运行。但在图形用户界面的应用程序中,用户的动作即事件决定着程序的运行流向。每个事件都能驱动一段程序代码的运行,程序员只需要编写相应事件的代码,各个事件之间不一定有联系。这样的应用程序代码比较短,使得程序既容易编写又容易维护。

(4) 支持结构化程序设计,具有面向对象程序设计语言的所有特征。

VB. NET 提供的控制结构完全支持传统的结构化程序设计,可以编制结构清晰简明的程序;用户不仅可以使用预定义的对象进行程序设计,而且还可以自己定义类。定义的类聚有封装性、继承性、多态性等面向对象程序设计语言所有的关键特征。

(5) 具有丰富的数据类型、功能强大的类库。

VB. NET 不仅拥有与 C++同样的数据类型,而且由于将数据类型定义成类,因而数据类型本身也提供了数据处理的能力;依靠. NET 框架的支持,VB. NET 程序几乎可以获取 Windows 提供的所有功能。

(6) 强大的数据库功能。

VB. NET 采用 ADO. NET 数据库访问技术。对各种不同类型的数据库,如 Access、SQL Server、Oracle 等数据库,都以统一的方式管理和访问数据源中的数据。

（7）网络功能。

在 VB. NET 中，网络功能则扮演着非常重要的角色。首先，VB. NET 中有 Web Service，它将是 DCOM 的取代者。其次，VB. NET 中还有 Web Forms。Web Forms 可以使用户无需使用 ASP 或者 CGI 就能有效地建立全交互的互联网网站。

（8）完备的帮助功能。

与 Windows 环境下其他软件一样，在 VB 中，利用帮助系统，用户可以快速地获取所需要的帮助信息；也可以通过网络及时获得最新、最及时的帮助信息。

1.2　VB. NET 集成开发环境

Visual Studio. NET 开发环境支持 Visual Studio 语言（VB、C＋＋、C♯、J♯），也就是说，这四种语言使用相同的集成开发环境。集成开发环境（IDE）是一组软件工具，是集成应用程序的设计、编辑、运行、调试等多种功能于一体的环境，为程序设计的开发带来了极大的方便。

1.2.1　进入 VB. NET

Visual Studio. NET 2008 是以项目为单位开发的，一般一个项目对应于一个应用程序。要新建一个 Windows 应用程序，首先要进入 VB. NET 集成开发环境。启动 Visual Studio. NET 2008 后，进入"起始页"，单击"创建项目"按钮，就可以进入图 1-4 对话框。

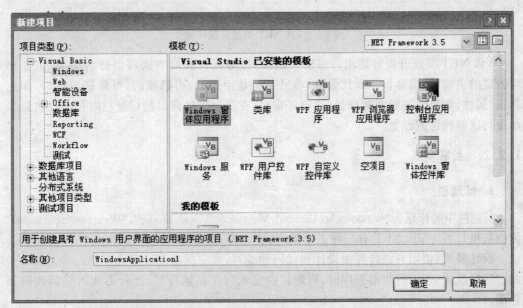

图 1-4　"新建项目"对话框

在图 1-4"项目类型"中选择"Visual Basic"下的"Windows"项，再在模板中选择"Windows 窗体应用程序"，然后在"名称"文本框中设置新项目名称，单击"确定"按钮后，就可以建立一个新项目，进入 VB. NET 集成开发环境，如图 1-5 所示。

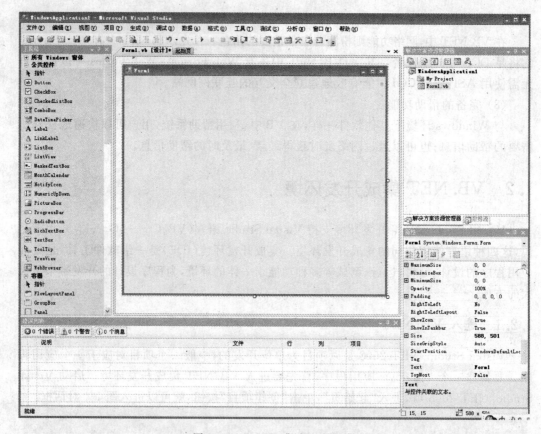

图 1-5　VB. NET 集成开发环境

VB. NET 集成开发环境由许多窗口组成,按照窗口布局方式可以分为两类:位置相对固定的主窗口、窗体设计和代码窗口;另一类是浮动的、可隐藏的、可停靠的窗口,如工具箱、属性、解决方案资源管理器、输出等窗口,在指向这些窗口的标题栏时可通过快显菜单进行这些特性的设置。

1.2.2　主窗口

1. 标题栏

标题栏中的标题为"WindowsApplication1-Microsoft Visual Studio","WindowsApplication1"为当前项目名。VB. NET 有三种工作模式:设计模式、运行模式、调试模式。

设计模式:供用户进行界面设计和代码的编写,来完成应用程序的开发。

运行模式:当运行当前程序时,标题栏中显示"(正在运行)",此时不能再编辑代码和界面。

调试模式:当程序出现错误时自动进入调试模式,在标题栏中显示"(正在调试)",这时可编辑代码。

2. 菜单栏

VB. NET 菜单栏中包含 13 个下拉菜单,参见图 1-6,这是程序开发、调试和保存过程中需要的命令。

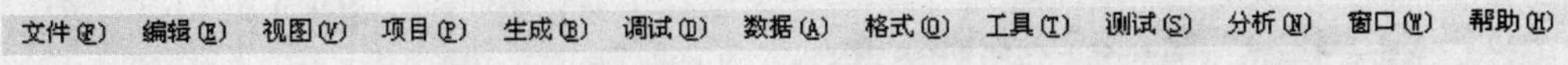

| 文件(F) | 编辑(E) | 视图(V) | 项目(P) | 生成(B) | 调试(D) | 数据(A) | 格式(O) | 工具(T) | 测试(S) | 分析(N) | 窗口(W) | 帮助(H) |

图 1-6　菜单栏

文件(File)：主要用于对解决方案、项目、各模块文件的管理；

编辑(Edit)：用于程序源代码的编辑；

视图(View)：用于程序源代码、控件的查看以及各种工具窗口的显示；

项目(Project)：用于控件、模块和窗体等对象的处理；

生成(Build)：用于编译生成可执行代码；

调试(Debug)：用于程序调试，启动、设置中断和停止等程序运行的命令；

数据(Data)：VB. NET 新增菜单，用于数据的生成和预览的命令；

工具(Tools)：用于集成开发环境下的工具扩展；

窗口(Windows)：用于窗口的层叠、平铺等布局，以及列出所有打开文档窗口；

帮助(Help)：帮助用户系统学习掌握 VB. NET 的使用方法以及程序设计方法。

3. 工具栏

工具栏可以迅速地访问常用的菜单命令。除了图 1-7 所示的标准工具栏外，还有布局、调试、格式设置等 10 多个专用工具栏。要显示或关闭工具栏，可以选择"视图→工具栏"命令，或在标准工具栏空白处单击鼠标右键选取所需工具栏。

图 1-7　标准工具栏

1.2.3　窗体设计器、代码设计窗口

完成一个应用程序开发的大部分工作是在窗体设计和代码设计窗口中进行的。

1. 窗体设计器窗口

窗体设计窗口（简称窗体窗口）如图 1-8 所示。在设计应用程序时，用户在窗体上建立 VB. NET 应用程序的界面；运行时，窗体就是用户看到的正在运行的窗口，用户通过与窗体上的控件交互可得到程序运行结果。一个应用程序至少有一个窗体，可以通过主菜单"项目→添加 Windows 窗体"命令增加新窗体。

2. 代码设计窗口

代码设计窗口（简称代码窗口），专门进行代码设计编辑的窗口，各种事件过程、过程和类等源代码的编辑均在此窗口进行，如图 1-9 所示。打开代码设计窗口最简单的方式是：双击窗体、控件，或单击代码窗口上方选项卡中的对应选项。

代码窗口主要有以下内容：

（1）Windows 设计器生成的代码：其中减号"一"表示代码区域可以收缩，隐藏其间的代码；加号"＋"表示可以展开，显示 Windows 窗体设计生成器生成的控件代码。

选项卡组，选择对应的窗口列表框

对象列表框　　　过程列表框

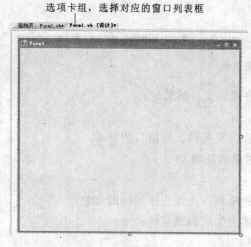

图 1-8　窗体窗口

图 1-9　代码窗口

（2）对象列表框：显示所选对象的名称，单击右边的下拉按钮来显示此窗体中的对象名。

（3）过程列表框：列出所有对应于"对象"列表框中对象的事件过程名称以及用户自己定义过程的过程名称。在对象列表框中选择对象名，在过程列表框中选择相应的事件过程名，系统自动生成所选中对象的事件过程模板，用户可在此模板内编辑相应代码。

1.2.4　属性窗口和工具箱窗口

属性窗口如图 1-10 所示，用于显示和设置所选定的窗体和控件等对象的属性。每个对象都有一组属性来描述其外部特征，如颜色、字体、大小等。在应用程序设计时，可以通过属性窗口来设置或修改对象的属性。属性窗口有以下四个部分组成：

对象和名称空间列表框：单击其右边的下拉按钮打开所选对象及名称空间。

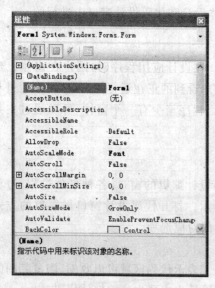

图 1-10　属性窗口

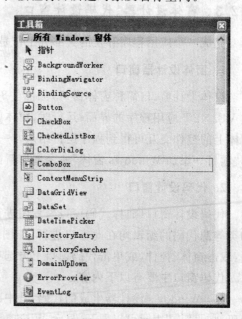

图 1-11　工具箱

　　属性显示排列方式：有"按字母序"和"按分类序"两个按钮，分别按字母序或按分类序来显示属性。

　　属性列表框：列出所选对象在设计模式可更改的属性及默认值，对于不同对象，所列出的属性也不同。属性列表中左边是属性名，右边是该属性对应的属性值。

　　"工具箱"窗口包含建立应用程序的各种控件，如图1-11所示。在 VB.NET 中，"工具箱"窗口的组件按类放在不同的选项卡中。

1.3　实现问题的求解过程

1.3.1　创建应用程序过程

　　前面已经给大家介绍了 VB.NET 的集成开发环境和一些基本概念，下面从例1.2来看一个完整应用程序的建立过程。

　　建立一个应用程序的过程为：

- 分析问题，明确目标与算法设计；
- 建立程序界面；
- 设置对象的属性；
- 确定对象事件过程及其编码；
- 调试程序和运行程序；
- 保存项目文件。

　　【例1.2】　求1～100间所有偶数的和。

　　任务描述：

　　编写程序求出1～100间所有偶数的和，并显示结果，运行结果如图1-12所示。

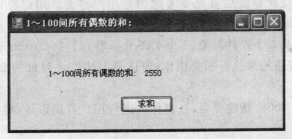

图1-12　例1.2运行结果

　　任务分析：

　　本问题求在一定范围内（1～100）且满足一定条件（偶数）的若干整数的和，是一个累加和的问题。

　　这类问题的基本解决方法是：设置一个变量（如 sum）作为累加的和，将其初值置为0，再在指定的范围内（1～100）寻找满足条件（偶数）的整数，将它们一个一个累加到 sum 中。为了处理方便，将正在查找的整数也用一个变量来表示（如 i）。

　　所以累加过程的 VB.NET 语句为：

sum＝sum＋i,

它表示把 sum 的值加上 i 后再重新赋给 sum。

这个累加过程要反复多次,需要用结构化程序设计的循环结构来实现。在循环过程中:

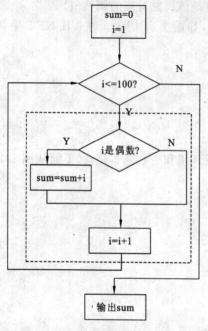

图 1-13　"求 1～100 之间偶数和"流程图

• 需要判断 i 是否满足问题要求的条件(偶数)。可以用选择结构实现只把满足条件的整数累加到 sum 中。

• 需要对循环次数进行控制。这可通过 i 值的变化进行控制,即 i 的初值设为 1,每循环一次加 1,一直加到 100 为止。

基于上述解决问题的思路,就可以逐步明确解决问题的步骤,即解决问题的算法。

算法(Algorithm)是一组明确的解决问题的步骤,它产生结果并可在有限时间内结束。可以用多种方式来描述算法,包括用自然语言和流程图。

流程图是算法的图形表示法。它用图的形式掩盖了算法的所有细节,只显示算法从开始到结束的整个流程。

对于求 1～100 之间偶数和的问题,可以用流程图来描述解决步骤(算法),如图 1-13 所示。

任务实现:

(1) 在窗体窗口设计用户界面。在 VB. NET 中要用计算机解决一个实际问题的时候,在分析问题、设计算法后首先要考虑的是用户界面。用户界面主要是向用户提供输入数据以及输出程序运行结果的场所,设计时选择所需对象,可以进行合理的界面布局。本例中涉及 3 个控件对象,2 个 Label(标签),1 个 Button(命令按钮),标签用来显示文本;命令按钮用来执行相关操作;窗体是上述控件对象的载体或容器,新建项目时自动创建。

运行 VB. NET 2008,新建项目,在窗体上进行用户界面设计,建立的对象如图 1-14 所示。

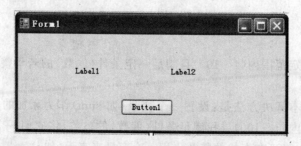

图 1-14　例 1.2 建立用户界面对象

（2）对象的属性设置。对象建立后，就要为其设置属性。对象属性的设置可以通过以下两种方式实现：通过属性窗口设置一些反应外观的不变的属性；在代码中设置一些内在的、可变的属性。

在设计阶段通过属性窗口进行设置的步骤和方法。单击要设置属性的对象，该对象的属性出现在属性窗口中。在该窗口中选中要修改的属性，在属性值栏中填写或选择所需的属性值。

本例中各个控件对象的有关属性设置见表 1-2，设置后用户界面如图 1-14 所示。

表 1-2　对象的属性设置

类│控件名	属性	设置值	属性	设置值
Form1	Text	"1～100 间所有偶数的和："		
Label1	Text	"1～100 间所有偶数的和："		
Label2	Text	""		
Button1	Name	Button1	Text	"求和"

3．对象事件编程过程及编程

建立用户界面并为每个对象设置属性后，就要考虑用什么事件来响应对象执行所需的操作。这涉及选择对象的事件和编写事件过程代码，现以"求和"Button1 按钮为例，来说明事件过程的代码编写过程，双击"求和"命令按钮，打开代码窗口，显示该事件的模板，在模板下输入代码即可，参见如下代码。

```
Private Sub Button1_Click(...) Handles Button1.Click
    Dim sum As Integer,i As Integer
    sum=0
    For i=1 To 100
        If i Mod 2=0 Then
            sum=sum+i
        End If
    Next
    Label1.Text=sum
End Sub
```

4．运行和调式程序

代码编写完后，一个完整的程序就设计好了，然后利用工具栏的"▶"启动按钮或按"F5"键运行程序。

VB. NET 程序先编译，检查有无语法错误。如果有语法错误，系统则显示错误信息，提示用户修改；若没有语法错误，则生成可执行程序，并执行程序。用户单击"求和"按钮来执行相关的事件过程。

对于初次接触计算机语言的学习者，程序运行时出现错误很正常，关键是要耐心去发现错误、纠正错误。计算机编译系统对任何细小的错误都不会放过。

5. 保存项目

在 VB. NET 2008 中,一般在新建项目时默认的项目名为"WindowsApplication1",项目包含的所有内容都存在其中。在程序编辑过程中,当用户需要保存时,执行"文件"→"全部保存"命令,弹出"保存项目"对话框;单击"浏览"按钮选择保存项目的位置,在"名称"文本框中输入项目名。

至此,已经完成了一个简单的 VB. NET 应用程序的建立。

1.3.2　程序结构和编码规则

任何一种计算机语言都有自己的程序结构、语法格式和编码规则,编写程序如同日常写文章一样有其自身的规则,初学者要严格遵守,否则会出现编译错误。

1. 程序结构

以前面讲过的仅涉及一个窗体文件的例子为例,简述程序的结构。在 Form1 窗体类中,程序代码是块状结构的,包括构成程序的主体事件过程,以及用户自定义的过程和一些说明性的语句。这些代码的书写顺序很重要,如图 1-15 所示。

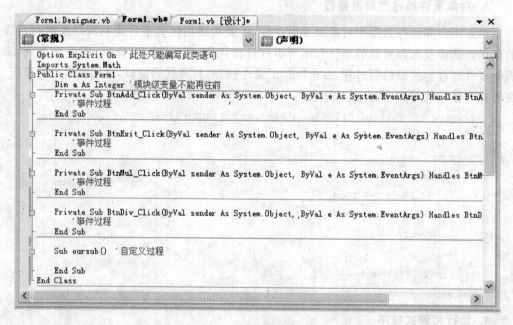

图 1-15　程序结构

2. 编写规则

(1) VB. NET 代码不区分英文字母的大小写。为了提高程序的可读性,VB. NET 对用户程序代码进行如下自动转换:

* 对于 VB. NET 中的关键字,首字母总被转换成大写,其余字母被转换成小写。
* 若关键字由多个英文单词组成,系统会将每个单词首字母转换成大写。
* 对于用户自定义的变量、过程名,系统以第一次定义为准,以后输入的自动向首次

定义的转换。

　　（2）语句书写自由。

- 同一行上可以书写多条语句,语句间用冒号":"分隔。
- 单条语句可分若干行书写,在本行后加续行符("_")。

1.4　自主学习——程序设计基础及 VB. NET 概述

1.4.1　计算机程序设计语言的发展

　　计算机之所以能自动进行计算,是因为采用了程序存储的原理,计算机的工作体现为执行程序。程序是控制计算机完成特定功能的一组有序指令的集合,编写程序使用的语言称为程序设计语言,它是人与计算机之间进行信息交流的工具。

　　从 1946 年世界上诞生第一台计算机起,在短短的 50 余年间,计算机技术迅速发展,程序设计语言的发展从低级到高级,经历了机器语言、汇编语言、高级语言到面向对象语言的多个阶段,具体过程如下。

1. 机器语言

　　计算机能够直接识别和执行的二进制指令(机器指令)的集合称为该机器的机器语言。早期的计算机程序都是直接使用机器语言编写的,这种语言使用 0、1 代码,因此编写的程序难以理解和记忆,目前已不被人们使用。

2. 汇编语言

　　通过助记符代替 0 和 1 机器指令以便于理解和记忆,由此形成了汇编语言。汇编语言实际上是与机器语言相对应的语言,只是在表示方法上采用了便于记忆的助记符来代替机器语言相对应的二进制代码,因此也称为符号语言。计算机不能直接识别汇编语言,需要经过汇编程序转换为机器指令码后才能识别。汇编语言的执行效率较高,但由于难以理解,因此使用较少。

3. 高级语言

　　机器语言和汇编语言是面向机器的语言,高级语言采用更接近自然语言的命令或语句,使用高级语言编程,一般不必了解计算机的指令系统和硬件结构,只需要掌握解决问题的方法和高级语言的语法规则,就可以编写程序。高级语言在程序设计时着眼于问题域中的过程,因此它是面向过程的语言,对于高级语言,人们更容易理解和记忆,这也给编程带来很大方便,但它与自然语言还是有较大的差别。

4. 面向对象语言

　　面向对象语言是比面向过程语言更高级的一种高级语言。面向对象语言的出现改变了编程的思维方式,使程序设计的出发点由着眼于问题域中的过程转向着眼于问题域中的对象及其相互关系,这种转变更加符合人们对客观事物的认识。因此,面向对象语言更接近于自然语言,面向对象语言是人们对客观事物更高层次的抽象。

目前世界上已经设计和实现的计算机语言有上千种之多,但实际上被人们广泛接受使用的计算机语言却只有数十种。

1.4.2　结构化程序设计

程序设计的方法也是随着计算机的发展而不断进步和完善的。在程序设计的发展过程中,人们对程序的结构进行了深入地研究,并不断地探索:究竟应该用什么样的方法来设计程序;如何保证程序设计的正确性;程序设计的主要方法和技术应如何规范等。经过反复的实践,逐渐确定了程序设计基本技术方法——结构化程序设计方法。

结构化程序设计强调从程序的结构风格上来研究程序设计,它将程序划分为 3 种基本结构,人们可以用这 3 种基本结构来展开程序,表示一个良好的算法,从而使程序的结构清晰、易读易懂且质量好。这 3 种结构为顺序结构、选择结构和循环结构。

1. 顺序结构

顺序结构是一种最简单、最基本的结构,在顺序结构内,各语句块是按照它们出现的先后顺序依次执行。图 1-16 表示了一个顺序结构形式,从图中可以看出它有一个入口点 a,一个出口点 b,在结构内 A 框和 B 框都是按先后顺序执行的处理框。

2. 选择结构

选择结构中包含一个判断框,根据给定的条件 P 是否成立而选择执行 A 框或 B 框,当条件成立时,执行 A,否则执行 B。A 框或 B 框可以是空框,既不执行任何操作,但判断框中的两个分支,执行完 A 框或 B 框后必须和在一起,从出口 b 退出,然后接着执行其后的过程。图 1-17 所示的虚线部分就是选择结构,在选择结构中程序产生了分支,但对于整个的虚线框而言,它仍然只具有一个入口 a 和一个出口 b。

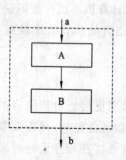

图 1-16　顺序结构流程图

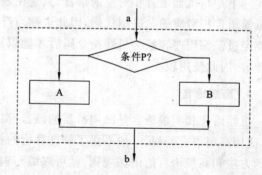

图 1-17　选择结构示意图

3. 循环结构

循环结构又称重复结构,是指在一定的条件下反复执行一个程序块的结构。循环结构也是只有一个入口、一个出口。根据循环条件的不同,循环结构分为当型循环结构和直到型循环结构两种。

(1)当型循环结构如图 1-18 所示,其功能是:当给定的条件 P 成立时,执行 A 框操作,执行完 A 操作后,再次判断条件 P 是否成立,如果成立,再次执行 A 操作,如此重复执行 A 操作,直到判断条件 P 不成立才停止循环,此时不执行 A 操作,而从出口 b 脱离循环结构。

（2）直到型循环结构如图 1-19 所示,其功能是,先执行 A 框操作,然后判断给定条件 P 是否成立,如果不成立,再次执行 A 操作;然后再对 P 进行判断,如此反复,直到给定的 P 条件成立为止。此时不再执行 A 框,从出口 b 脱离循环。

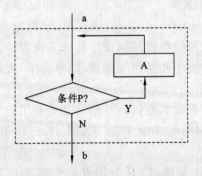 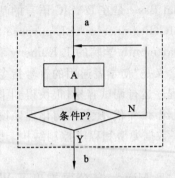

图 1-18　当型循环结构流程图　　　　　　图 1-19　直到型循环结构流程图

由上述 3 种基本结构构成的程序,称为结构化程序。3 种基本结构中的每一种结构都应具有以下特点:

- 有一个入口和一个出口。
- 没有死语句,即每条语句都应该有一条从入口到出口的路径通过（至少通过一次）。
- 没有死循环（无限制的循环）。

实践证明,任何满足以上 3 个条件的程序,都可以表示为由以上 3 种基本结构所构成的结构化程序;反之,任何一个结构化程序都可以分解为一个个基本结构。

结构化程序设计方法使得程序的逻辑结构清晰、层次分明,有效地改善了程序的可靠性和维护性,提高了程序的开发效率。

1.4.3　面向对象程序设计

结构化程序设计技术虽已使用了几十年,但如下问题仍未得到很好解决。

（1）面向过程的程序设计方法与人们习惯的思维方法仍然有一定的差距,所以很难自然、准确地反映真实世界。因而用此方法开发出来的软件,有时很难保证质量,甚至需要进行重新开发。

（2）结构化程序设计在方法实现中只突出了实现功能的操作方法,而被操作的数据处于实现功能的从属地位,即程序模块和数据结构是松散地耦合在一起的。因此,当应用程序比较复杂时,容易出错,难以维护。

由于上述缺陷,结构化程序设计方法已经不能满足现代化软件开发的要求,一种全新的软件开发技术应运而生,这就是面向对象程序设计（Object Oriented Programming,OOP）。

20 世纪 80 年代,在软件开发中各种方法积累的基础上,就如何超越程序的复杂性障碍,如何在计算机系统中自然地表示客观世界等问题,人们提出了面向对象的程序设计方法。面向对象的方法不再将问题分解为过程,而是将问题分解为对象。对象将自己的属性和方法封装成一个整体,供程序设计者使用。对象之间的相互作用则通过消息传递来实现。用面向对象的程序设计方法,可以使人们对复杂系统的认识过程、系统的程序设计与实现过程尽可能地一致。

1.4.4　VB. NET 概述及其发展

Visual Basic 是在 BASIC 语言的基础上发展而来的。

BASIC(Beginner's ALL-purpose Symbolic Instruction Code)语言是 20 世纪 60 年代美国 Dartmouth 学院的 J. Kemeny 和 T. Kurtz 两位教授共同设计的计算机程序设计语言,其含义是"初学者通用的符号指令代码"。它由十几条语句组成,简单易学,人机对话方便,程序运行调试容易,很快得到了广泛的应用。

20 世纪 80 年代,随着结构化程序设计的需要,新版本的 BASIC 语言功能有了较大扩充,增加了数据类型和程序控制结构,其中较有影响的有 True Basic、Quick Basic 和 Turbo Basic 等。

1988 年,Microsoft 公司推出了 Windows 操作系统,以其为代表的图形用户界面(GUI)在微型计算机上引发了一场革命。在图形用户界面中,用户只需要通过鼠标单击或拖动来简单地完成各种操作,不必键入复杂的命令,深受用户的欢迎。但对程序员开发一个基于 Windows 环境的应用程序工作量非常大。可视化程序设计语言在这种背景下应运而生。可视化程序设计语言除了提供常规编程功能外,还提供一套可视化的设计工具,便于程序员建立图像对象,巧妙地把 Windows 编程的复杂性"封装"起来。

1991 年 Microsoft 公司推出的 Visual Basic(简称 VB)是以可视化工具为界面设计,以结构化 BASIC 语言为基础,以事件驱动为运行机制的编程语言。它的诞生,标志着软件设计和开发的一个新时代的开始。在后来的十多年里,经历了从 1991 年 Visual Basic 1.0 到 1998 年的 Visual Basic 6.0 的多次版本升级,其主要差别是:提供了更多、功能更强的用户控件;增强了数据库、网络、多媒体等功能,使得应用面更广。

随着 Internet 技术的成熟和广泛应用,更多的应用在基于 Internet 的平台上,Internet 逐渐成为编程领域的核心,JAVA 语言"写一次,到处跑"的跨平台优点,成为 Internet 上应用程序的重要编程语言。为了适应这种新局面的变化,2002 年 Microsoft 公司正式推出了 VB. NET。它不是一个孤立的开发工具,而是与 Visual C++、Visual J♯、Visual C♯等一起被集成在 Visual Studio. NET 中。依靠 Microsoft. NET Framework(简称. NET 框架)的支持,VB. NET 成了开发 Windows 应用程序和 ASP. NET 程序的主要开发工具之一。

通过十多年的不断发展,VB 既继承了 BASIC 语言简单易学的特点,又兼顾了图形、网络、面向对象等高级编程技术的要求,成为一种真正专业化的软件开发工具。

1.4.5　Microsoft. NET 概述

什么是. NET? 用微软公司总裁兼 CEO 史蒂夫·巴尔默的话来说,. NET 是"代表了一个集合、一个环境、一个编程的基本结构,作为一个平台来支持下一代的 Internet。. NET 也是一个用户环境,是一组基本的用户服务,可以用作客户端、服务器或任何地方,与该编程模式具有好的一致性,并有新的创意。因此,它不仅是一个用户体验,而且是开发人员体验的集合,这就是对. NET 概念性的描述。"从史蒂夫・巴尔默的描述中可以看出,. NET 既是一个复杂的体系,又是对过去编程理念的总结。实际上,对初学者来说,可以这样认为,. NET 就是 Visual Studio. NET。

1. Visual Studio. NET 特点

(1) 支持多种语言编程环境。Visual Studio. NET 是一个集成开发环境,集成了 VB、C++、C♯、J♯,因而程序员可以使用自己熟悉的程序设计语言进行编程,而且使用不同语言所编写的模块之间也能很容易地整合起来。

(2) 开发多种应用程序。在 Visual Studio. NET 中,使用任何一种语言编程环境都可以创建使用多种应用程序,如 Windows 应用程序、ASP. NET 程序等。这些程序统称为. NET 程序。

(3) 使用同一个基础类库。在传统的语言编程环境中,不同的语言有不同的函数库,而且调用方式也不同,不同语言的函数库是不能通用的。在 Visual Studio. NET 中,不管是 VB,还是 C++,都使用同一个基础类库。

(4) 编译生成相同的中间语言程序。. NET 程序需要经过两次编译才能在 CPU 中运行。不管是任何类型的. NET 程序,第一次编译后生成的是与 CPU 无关的中间语言程序。Windows 应用程序经编译后生成的可执行程序与一般的可执行程序一样,这个中间语言程序的扩展名也是. EXE,但是其内容与一般的. EXE 文件不一样,不是由本地 CPU 指令组成的程序,而是由 MSIL 指令组成的程序,不能直接在 CPU 上运行,还需要第二次编译。

(5) 在不同的 CPU 上运行。. NET 程序的第二次编译是在中间语言程序开始运行时进行的。当开始运行中间语言程序时,在一个称为公共语言运行时库(Common Language RunTime,CLR)的支持下,中间语言程序被编译成由本地 CPU 指令组成的程序。中间语言程序的运行需要 CLR 的支持,也就是说,任何一个中间语言程序在 CLR 的支持下都可以在不同的 CPU 中运行。

2. . NET 框架

. NET 框架是与 Visual Studio. NET 紧密相连的,它们之间的关系如同 Visual C++与 MFC(微软基础类库)的关系。Visual Studio. NET 在. NET 框架的支持下才能由用户开发出各种各样的程序。从组成上来说,. NET 框架是由基础类库、CLR 和 ASP. NET 程序组成的框架模型。Visual Studio. NET 体系结构如图 1-20 所示,从图中可以看出,没有. NET 框架的支持,Visual Studio. NET 几乎发挥不了作用。

3. VB. NET 与 Visual Studio. NET

VB. NET 是 Visual Studio. NET 支持的多种编程语言之一,是 Visual Studio. NET 中第一个推出的基于. NET 框架的应用程序开发工具,是完全面向对象的编程语言,它支持继承、构造、重载等面向对象的方法。

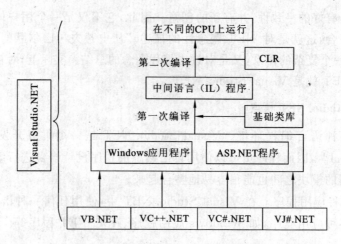

图 1-20　Visual Studio. NET 体系结构

思 考 题 一

1. Visual Studio. NET 集成开发环境由哪几部分组成?
2. 创建 VB. NET 应用程序的基本步骤有哪些?
3. VB. NET 有多种类型的窗口,若要在设计时看到代码窗口,应怎样操作?
4. 如何使各窗口显示和不显示?
5. 如果窗口布局混乱了,如何恢复默认布局?

第2章 面向对象的可视化编程基础

学习要点

- 掌握 VB. NET 的对象和类的概念。
- 掌握控件的属性、方法、事件的概念。
- 熟悉窗体、标签、文本框、按钮等控件的使用。

2.1 面向对象的基本概念

通过第一章的学习,我们知道传统的结构化程序设计是一种强调功能抽象和模块化的编程方法,即模块是功能的抽象,每个模块是一个处理单元,程序由一个个模块组成,程序的执行过程按事先设计的流程运行。

面向对象的程序设计是一种以对象为基础,以事件驱动为过程执行的程序设计技术,即对象是程序的基本元素,事件过程建立了对象之间的关联,用户的动作即事件掌握着程序运行流向。这种面向对象、可视化程序设计风格简化了程序设计。

VB. NET 提供了完善的面向对象编程支持,是一种真正的面向对象程序设计语言。类在 VB. NET 中是一个非常重要的部分,几乎所有的程序都包含了一个或几个类。

组件为用户提供了设计程序界面、调用系统资源和完成数据管理等功能强大的工具。通过组件,在程序设计中实现了程序代码和系统资源的良好连接。所以,组件是 VB. NET 程序设计的基础,是可视化编程的重要工具,每种类型的组件都有自己的属性、事件和方法。

2.1.1 对象及其类

1. 对象(Object)

对象是反映客观事物属性及其行为特征的描述。每个对象都具有描述它的特征的属性,以及附属于它的行为。对象把事物的属性和行为封装在一起,是一个动态的概念。对象是面向对象编程的基本元素,是类的具体实例。

对象的属性特征标示了对象的物理性质;对象的行为特征描述了对象可执行的行为动作。对象的每一个属性,都是与其他对象加以区别的特征,都具有一定的含义,并赋予一定的值。对象大多数是可见的,也有一些是不可见的。在现实社会中任何一个实体都可以看做一个对象,如一个人、一部手机、一辆跑车。任何对象都具有各自的特征、行为。人具有身高、体重等特征;也具有行走、说话等行为。对象把反映事物的特征和行为封装在一起,作为一个独立的实体来处理。

2. 类(Class)

类是一组对象的属性和行为特征的抽象和描述。或者说,类是具有共同属性、共同操作性质的对象的集合。类就像一个模板,每个对象都是这个类的一个实例。例如学生类是学生的抽象,一个个不同的学生是学生类的实例,每个学生具有不同的身高、体重等特征和不同坐立、行走等行为。类包含所创建对象的特征描述用数据表示,称为属性。对象的行为用代码来实现称为对象的方法。

在 VB. NET 中,工具箱上的可视图标是 VB. NET 系统设计好的标准控件类,例如命令按钮类、标签类等。通过将控件类实例化,可以得到真正的控件对象,也就是当在窗体上添加一个控件时,就将类实例化为对象,即创建了一个控件对象,简称为控件。

例如,如图 2-1 所示,工具箱上的 TextBox 控件是类的图形化显示,它确定了 TextBox 的属性、方法和事件。窗体上显示的两个 TextBox 对象,是类的实例化,它们继承了 TextBox 类的特征,也可以根据需要修改各自的属性。例如文本框的大小、文本框内字体大小等,也具有移动、光标定位到文本框等方法,还具有通过快捷键对文本框内容进行复制、删除和粘贴等操作。

在 VB. NET 中,按显示方式,将控件分为用户界面和非用户界面控件两类。

- 用户界面类控件:程序运行时在窗体上显示的。
- 非用户界面控件:程序运行时在窗体上不显示的,设计时位于窗体的下方。

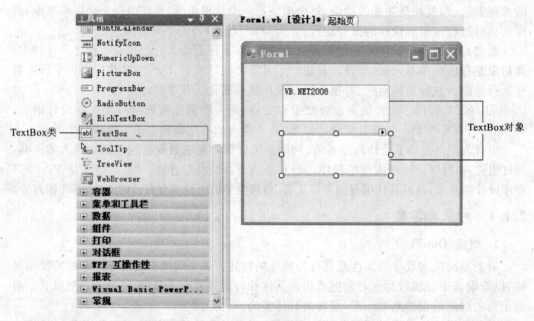

图 2-1　对象与类

2.1.2　对象的属性、事件和方法

在 VB. NET 中,属性、事件和方法构成了对象的三要素。属性描述了对象的性质,决定了对象的外观;事件是对象的响应,决定了对象之间的关系;方法是对象的动作,决定了对象的行为。例如,当使用 Form 控件建立一个窗体对象时,各窗体对象就具有 Form 控件所有的属性、事件和方法,例如 Text 属性、Click 事件和 Close 方法等。

1. 属性（Property）

属性是用来描述对象特征的参数。VB. NET 程序中的对象都有许多属性，它们是用来描述和反应对象特征的参数。例如控件名称（Name）、文本（Text）、大小（Size）、字体（Font）等属性决定了对象展现在用户界面上具有什么样的外观及功能。

设置对象属性的方法有以下两种。

- 在设计阶段利用属性窗口直接设置对象的属性值。
- 在程序运行阶段通过语句来实现，其格式为：

对象名. 属性名＝属性值

例如，将一个对象名为"TextBox1"的文本框的文本（Text）属性值设置为"欢迎使用 VB. NET 2008"，其在程序代码中的书写形式为：

TextBox1. Text＝"欢迎使用 VB. NET 2008"

2. 事件（Event）

事件是每个对象可能用以识别和响应的某些动作和行为。同一事件，作用与不同的对象，就会引起不同的反应，产生不同的结果。例如在学校，教学楼铃声响是一个事件，教师听到要开始讲课，而学生听到就要准备听教师讲课，而其他人员则不受影响。为了使对象在某一事件发生时能够做出用户所需要的反应，就必须为这个事件编写响应的程序代码来实现特定的目标。为一个对象的某个事件编写代码后，应用程序运行时，一旦这个事件发生，便激活响应代码，开始执行；如果这一事件不发生，则这段代码就不会执行。没有编写代码的事件，即使事件发生也不会有任何响应。

多数情况下，事件是通过用户的操作行为引发的，当事件发生时，将执行包含在事件过程中的全部代码。事件代码的编写是在事件代码窗口中进行的，事件代码窗口的操作如下：

- 双击需要编写代码的对象，打开代码编辑窗口。代码窗口如图 2-2 所示。

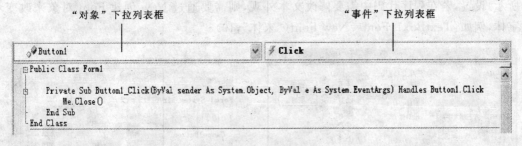

图 2-2　事件代码编辑窗口

- 从"对象"下拉列表框中选择对象或事件所属的对象。
- 从"事件"下拉列表框中指定需要编辑的方法或事件，例如 Click，KeyPress。
- 在编辑区输入或修改事件的代码，例如 Me. Close()。

3. 方法（Method）

方法是附属于对象的行为和动作，是由代码组成的，可以执行某一特定动作的特殊

"过程"或"函数"。方法与事件有相似之处,都可以完成不同的任务。但在不同程序中,同一个事件必须根据需要编写不同的代码,从而完成不同的任务;而方法通常是系统已经编好的,无论在哪个程序中,任何时候调用都完成同一任务。对象方法的调用格式为:

　　　　对象名. 方法[参数列表]

　　　　例如:Me. close(),此语句表明关闭当前窗体。VB. NET 提供了大量的方法,将在以后的学习中继续介绍。

2.2　窗体和基本控件

　　　　窗体和控件是 VB. NET 应用程序设计界面的基本对象,窗体是放置其他所有控件的容器,控件是放在窗体中的对象。

2.2.1　控件的基本属性

　　　　每个控件的外观由一系列属性来决定。例如控件的大小、位置、名称、颜色等,不同的控件有不同的属性,但也有很多相同的属性。基本属性表示大部分控件都具有的属性。系统为每个属性提供了默认值。在属性窗口可以看到所选对象的属性设置。下面列出最常见的基本属性。

　　　　• Name:是所有对象都具有的属性,是所创建的对象名称。所有的控件在创建时由 VB. NET 自动提供一个默认名称,例如 Button1、TextBox1 等,Name 作为对象的标示在程序中引用,不会显示在窗体上。

　　　　• Text:在窗体上显示文本。在 VB. NET 中,文本框、按钮、标签等大多数控件都有 Text 属性。TextBox 控件用于数据输入或输出,其他控件用 Text 属性设置在窗体上显示的文本。

　　　　• Font:设置文本的字体、大小等系列属性。一般通过 Font 属性对话框(如图 2-3 所示)设置,若在程序代码中需要修改文本外观,则需要通过 New 创建 Font 对象来改变字体,例如:TextBox1. Font=New Font("宋体",10)

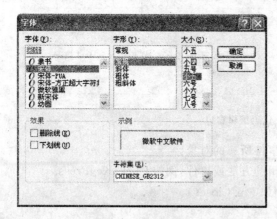

图 2-3　Font 属性对话框

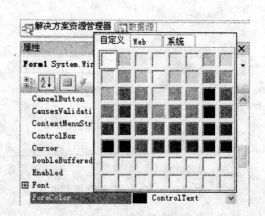

图 2-4　颜色属性值窗口

• ForeColor、BackColor：颜色属性。ForeColor 用来设置或返回控件的前景（正文）颜色、BackColor 用来设置或返回控件的正文以外的显示区域的颜色。用户可以在调色板中直接选择所需颜色，如图 2-4 所示。

• Cursor：指示在运行时当鼠标移动到一个特定部分时，鼠标指针的显示图像。在"属性"窗口中查看，如图 2-5 所示。如果用户要自定义指针图标，可以通过下列语句实现：

对象名. Cursor = New Cursor（"图标文件名"）

• Enabled、Visible：决定控件的有效性、可见性，它们均是逻辑类型。

Enabled：当值为真时，允许用户操作，否则禁止用户进行相关操作，控件呈灰色。

Visible：当值为真时，程序运行控件可见，否则不可见，但控件本身存在。

• TabIndex：决定了按 Tab 键时光标在各个控件上移动的顺序。

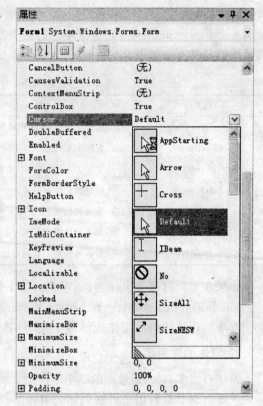

图 2-5　Cursor 光标值

2.2.2　窗体

窗体是用户交互的主要载体，是创建应用程序的"平台"。窗体有自己的属性、事件和方法。

1. 窗体的属性

对窗体的设计主要包括对窗体的属性设置和编写响应事件的代码。通过窗体的设计可以改变窗体的外观和操作。窗体除了前面介绍的基本属性外，还有下列重要属性。

• MaximizeBox、MinimizeBox：最大化、最小化按钮属性。其值分别为 True 时，窗体右上角有最大化和最小化按钮；其值分别为 False 时，则隐去最大化和最小化按钮。

• Icon、ControlBox：设置窗体图标、控制菜单框。

在属性窗口中单击 Icon 设置框右边的"…"，打开一个"加载图标"对话框，用户可以选择一个图标文件载入，当窗体最小化时以该图标显示；否则以系统默认的图标显示。当 ControlBox 属性为 True 时，表示窗体左上角有控制菜单框，否则，则无控制菜单框，这时系统将 MaximizeBox，MinimizeBox：，Icon 等属性自动隐去。

• BackgroundImage：以平铺方式设置窗体背景图案。在"属性"窗口中可以单击该属性右边的"…"，打开一个"选择资源"对话框，导入一个图形文件。

· FormBorderStyle：显示窗体的边框类型，以决定窗体的标题栏状态与可缩放性，其属性值及其意义如表 2-1 所示。

表 2-1　FormBorderStyle 属性值及其意义

枚举值	意义
None	窗体无边框，无法移动及改变大小
FixedSingle	窗体为单线边框。不可改变窗体边框大小，有最大、最小化按钮
Fixed3D	显示 3D 边框效果。不可改变窗体边框大小，有最大、最小化按钮
FixedDialog	固定的对话框模式。不可改变窗体边框大小，有最大、最小化按钮
Sizable	默认属性值，可以改变窗体边框大小，有最大、最小化按钮
FixedToolWindow	用于工具窗口。不可改变窗体边框大小，无最大、最小化按钮
SizableToolWindow	窗体外观与工具栏相似，有关闭按钮，能改变大小

如果在运行时改变窗体边框，可执行如下例句：

Me. FormBorderStyle＝Windows. Forms. FormBorderStyle. Fixed3D

程序运行该代码后窗体边框将变成 3D 效果。

2. 窗体的常用事件

窗体有很多事件，最常用的三个事件是 Load(装载)、Click(单击)、Double Click(双击)。

· Load(装载)：用于将新创建的窗体装载内存中，该事件通常用来启动应用程序。

· Click(单击)：单击将触发程序代码。

· Double Click(双击)：双击将触发程序代码。

【例 2.1】　编写 3 个事件过程，程序运行界面如图 2-6 所示。

　(a) Load 事件运行效果　　　(b) Click 事件运行效果　　　(c) Double Click 事件运行效果

图 2-6　例 2.1 运行界面

任务描述：

当窗体装载时，标题栏显示对应的文字并在窗体装入图片"sb1. bmp"；当单击窗体时，标题栏显示对应的文字并在窗体装入图片"sb2. bmp"；当双击窗体时，标题栏显示对应的文字并将装载的图片卸掉，同时窗体无最大化、最小化按钮。

任务分析：

针对窗体对象的装载、单击、双击等事件需要用 Form1 的 Load、Click、Double Click

事件,并在事件过程中通过代码实现窗体对象 BackgroundImage、Text 属性的设置。当前窗体 Form1 在代码编写中用 Me 来代替,其中用到的图片文件需要放在项目文件夹下的 Bin 文件夹下的 Debug 文件夹中。

任务实现:

(1) 启动 VB. NET 2008 创建项目。

(2) 双击 Form1 进入代码窗口,在代码窗口中分别针对 Load、Click、Double Click 事件编写如下代码:

```
Private Sub Form1_Click(...) Handles Me.Click
    Me.Text="单击窗体"
    Me.BackgroundImage=Image.FromFile("sb2.bmp")      'sb2.bmp 保存在 Bin 的
                                                        Debug 子文件夹
End Sub

Private Sub Form1_DoubleClick(...)Handles Me.DoubleClick
    Me.Text="双击窗体"
    Me.MaximizeBox=False
    Me.MinimizeBox=False
    Me.BackgroundImage=Nothing
End Sub

Private Sub Form1_Load(...)Handles MyBase.Load
    Me.Text="装载窗体"
    Me.BackgroundImage=Image.FromFile("sb1.bmp")      'sb1.bmp 保存在 Bin 的
                                                        Debug 子文件夹
End Sub
```

(3) 窗体的常用方法有 Show(显示)、Hide(隐藏,不是关闭)、Close(关闭)等。

2.2.3　标签

标签控件主要用于显示文本或输出结果,是设计应用程序界面时最常用到的控件之一,主要用于显示其他控件名称、描述程序运行状态或标示程序运行的结果等信息。

1. 主要属性

标签除了具有前面介绍的常见属性外,其他的主要属性有:

• TextAlign:设置标签上面显示文本的对齐方式。该属性的值有:TopRight,TopCenter,TopRight,MiddleLeft,MiddleCenter,MiddleRight,BottomLeft,BottomCenter,BottomRight 等 9 种枚举值。

• BorderStyle:标签控件的边框样式,有 None,FixedSingle,Fixed3D 3 个枚举值。None:标签控件没有边框;FixedSingle:标签控件有单边框;Fixed3D:标签控件立体边框。效果如图 2-7 所示。

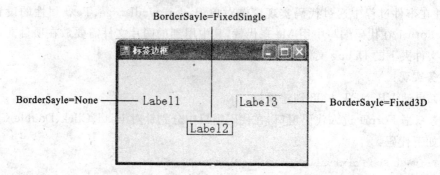

图 2-7　标签控件 BorderStyle 属性设置效果

- Image,ImageAlign：设置标签的背景图片和对齐方式，可以通过属性窗口选择所需图片和对齐方式，对于图片也可以通过如下代码实现：

　　　　　　　标签控件名. Image＝Image. FromFile("图片文件名")

- Autosize：设置标签能否根据内容自动调整大小，默认值为 True，可以根据内容自动调整大小。设置为 False 时，可以手工调整大小。

注意：标签控件不接受焦点。

2. 事件

标签常响应的事件有：Click（单击）、Double Click（双击）。

2.2.4　命令按钮

命令按钮是 Windows 应用程序中最常用的控件之一，一般接受鼠标单击事件，被用来启动、中断或结束一个进程。单击按钮时调用已经写入 Click 事件过程中的代码。

1. 主要属性

- Text：设置在按钮控件上显示的文本。可通过 Text 属性创建按钮的访问键快捷方式，为此需在作为访问键的字母前添加一个连接符 &。例如，要为标题为 Quit 按钮创建访问键（Q），应在字母 Q 前添加连接符，于是得到 &Quit。运行时，字母 Q 将带下画线，同时按 Alt＋Q 快捷键就可以执行单击按钮程序所执行的动作。

- Flatstyle：设置按钮的外观样式，在该属性中有 4 个选项值：flat, standard, popup 和 system，效果如图 2-8 所示。如果选定 System 样式的按钮，则不能接受图片背景，即能设置 Image,BackgroundImage 属性。

图 2-8　4 种外观按钮效果

2. 主要事件

Click(单击)：运行时单击按钮，将触发按钮的 Click 事件并执行写入 Click 事件过程中的代码。同时，单击按钮的过程也将生成 MouseMove,MouseLeave,MouseDown 和 MouseUp 等事件。按钮控件不支持双击事件。

2.2.5　文本框

文本框(TextBox)控件是在应用程序中经常要用到的控件之一，主要用来接收数据输入、显示运行结果以及编辑文本内容。

1. 主要属性

• Text：设置文本框中显示的文本内容。可用三种方式设置，即设计时在"属性"窗口进行、运行时通过代码设置及在运行时由用户输入。

• Locked：设置文本框的编辑状态，当 Locked 属性设置为 True 时，用户不能更改文本框显示的文本。

• Multiline：设置文本框是否可以输入多行，设置为 True 时，表示可以输入多行，系统默认为 False。

• Scrollbars：设置文本框是否有滚动条。当设置 Multiline 为 True 时，ScrollBars 属性才有效。系统默认为 None，没有滚动条；设置 ScrollBars 属性为 Horizontal 时，有水平滚动条；设置 ScrollBars 属性为 Vertical 时，有垂直滚动条；设置 ScrollBars 属性为 Both 时，有水平和垂直滚动条。

注意，设置 ScrollBars 属性为 Horizontal 时，需要设置 Wordwrap 为 False。

• PasswordChar：指定显示在文本框中的字符。例如希望在密码框中显示星号，可在属性窗口中将 PasswordChar 属性设置为"＊"，则在运行的时候，无论用户在文本框内输入什么字符，文本框中都显示星号。

• MaxLength：设定输入文本框的字符数。输入的字符数超过 MaxLength 后，系统不接受多出的字符并发出"嘟嘟"声。

• Selectedtext：取得用户选定的文本内容。

• Selectionstart：取得选取字符串的起始位置。

• Selectionlength：取得选取字符串的长度。

【例 2.2】　建立两个文本框，利用 Selectedtext，Selectionstart，Selectionlength 属性进行所选内容的复制，当程序运行时，单击"复制"按钮，将 TextBox1 中选中的 10 个字符复制给 TextBox2。运行结果如图 2-9 所示。

图 2-9　例 2.2 运行结果

事件过程代码如下：

```
Private Sub Button1_Click(…)Handles Button1.Click
    TextBox1.SelectionStart=2    '将文本框 TextBox1 中的第 3 个字符设为表示区的起点
```

```
        TextBox1.SelectionLength=10            '将整个标示区域设置为 10
        TextBox2.Text=TextBox1.SelectedText    '被标示的字符存入 TextBox2 中
    End Sub
```

若要对任意选定的文本进行复制,只要将上述事件过程改为下面代码即可。

```
    Private Sub Button1_Click(...)Handles Button1.Click
            TextBox2.Text=TextBox1.SelectedText
    End Sub
```

当选定要复制的文本后,单击"复制"按钮即可。

2. 事件

- TextChanged:当用户输入新的内容或当程序将 Text 属性设置新值,从而改变了文本框的 Text 属性时触发该事件。只要用户输入一个字符就会触发该事件,例如输入"Welcome"时,就会触发 7 次该事件。

- KeyPress:当用户按下并且释放键盘上的 ANSI 键时,就会触发焦点所在控件的 KeyPress 事件,此事件会将用户所按的 ANSI 键返回给 e. KeyChar 参数。例如,当用户输入字符"q",返回给 e. KeyChar 的值为"q"。每输入一个字符就会触发一次该事件,该事件常用于当前输入是否是回车符的判断和控制,即 Asc(e. KeyChar)=13。

- LostFocus 事件:此事件是在一个对象失去焦点时发生,文本框的 LostFocus 事件过程主要针对 Text 属性内容检查与验证。

- GotFocus:对象获取焦点时发生的事件。

【例 2.3】 数据过滤。

任务描述:

编一账号和密码输入的检验程序,运行界面如图 2-10 所示。对输入的账号和密码规定如下:账号是不超过 5 位的数字,如果账号为非数字字符则提示;密码为 5 位字符,输入文本框以"＊"号显示。

图 2-10　例 2.3 运行结果

任务分析:

要使账号不超过 5 位,则需要设置 MaxLength 属性值为 5。当输入结束时,触发 LostFocus 事件,利用 ISNumeric 函数判断账号的输入是否正正确。若出错,则提示错误。密码为 5 位,则设置 MaxLength 属性值为 5,同时设置 PasswordChar 属性值为"＊"。

任务实现:

相关的事件代码如下:

```
    Private Sub Form1_Load(...)Handles Me.Load
        TextLBox1.MaxLength=5
        TextBox2.MaxLength=5
        TextBox2.PasswordChar="*"
    End Sub
```

```
Private Sub TextBox1_LostFocus(...)Handles TextBox1.LostFocus
    If Not IsNumeric(TextBox1.Text)Then
        MsgBox("账号必须是数字",,"警告!")
        TextBox1.Text=""
        TextBox1.Focus()
    End If
End Sub
```

3. 方法

- Copy：将选取的文本复制到剪贴板中。
- Paste：将剪贴板中的文本粘贴到文本框中。
- Cut：将选定的文本内容剪切并复制到剪贴板中。
- Selectall：选取全部文本。
- Focus：将光标移动到指定的文本框中。

4. 文本框的应用

【例 2.4】　编写记事本编辑器应用程序。

任务描述：

建立一个如图 2-11 所示的类似记事本编辑器的应用程序，程序要提供剪切、复制、粘贴的编辑操作和字体、字号大小的格式设置。

任务分析：

要实现"剪切、复制、粘贴"，需要利用文本框的 SelectedText 属性，也可以利用 Cut、Copy、Paste 等方法。要实现格式设置，则利用 Font 对象。

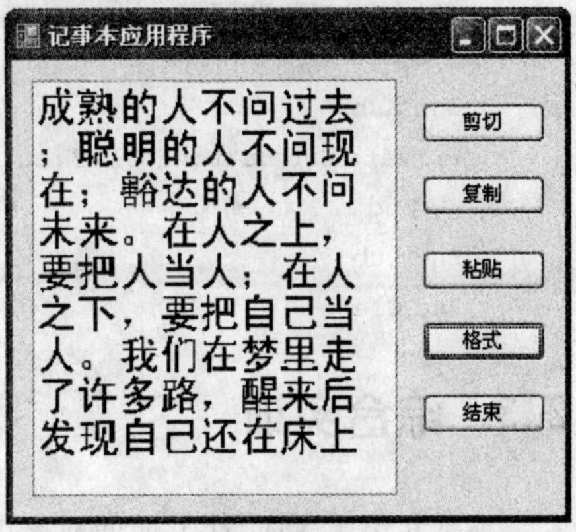

图 2-11　记事本编辑器示意图

任务实现：

相关的事件代码如下。

```
Public Class Form1
    Dim st As String        'st 为剪切、复制和粘贴事件过程共享而设置的模块级变量
    Private Sub Button1_Click(...)Handles Button1.Click
        st=TextBox1.SelectedText        '将选中的内容放到 st 变量中
        TextBox1.SelectedText=""        '将选中的内容清空,实现剪切
    End Sub
    Private Sub Button2_Click(...)Handles Button2.Click
        st=TextBox1.SelectedText        '将选中的内容放到 st 变量中,实现复制
    End Sub
    Private Sub Button3_Click(...)Handles Button3.Click
        TextBox1.SelectedText=st    '将 st 变量中的内容复制给光标所在处,实现了粘贴
    End Sub
    Private Sub Button4_Click(...)Handles Button4.Click
        TextBox1.Font=New Font("黑体",18)        '将字体设为黑体,字号为 18 磅
```

```
        End Sub
        Private Sub Button5_Click(...)Handles Button5.Click
            End
        End Sub
    End Class
```

上述代码主要是利用 SelectedText 属性来实现的,也可以利用 TextBox1 控件的方法来实现,实现代码如下所示。

```
Public Class Form1
Private Sub Button1_Click(...)Handles Button1.Click
  TextBox1.Cut()
End Sub
Private Sub Button2_Click(...)Handles Button2.Click
  TextBox1.Copy()
 End Sub
Private Sub Button3_Click(...)Handles Button3.Click
  TextBox1.Paste()
End Sub
Private Sub Button5_Click(...)Handles Button5.Click
   End
End Sub
End Class
```

2.3　综合实训

本章介绍了 VB. NET 面向对象可视化编程的基本概念,对象的属性、事件、方法三要素,事件驱动的运行机制,结合应用介绍了基本的窗体、标签、文本框、命令按钮等控件的使用。

通过本章的学习,读者可以编写简单的小程序,下面通过一个"求三角函数值"的综合应用例子,将本章知识做一归纳。

【例 2.5】　编写程序求三角函数值。

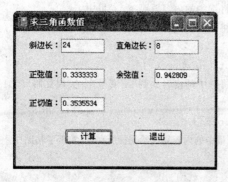

图 2-12　求三角函数值

任务描述:

编写一个程序,用来输入一个直角三角形的斜边和一个直角边的长度,程序输出该直角边对应的正弦、余弦和正切值,程序的运行界面如图 2-12 所示。

任务分析:

针对直角三角形的两直角边 a,b 和斜边 c,已知斜边 c 和直角边 b,则直角边 b 对应的正弦值为 b/c,而余弦值应为 a/c,这里没有 a 的值,我们可以利用直角三角形的关系 $a^2 = c^2 - b^2$ 求出 a,正切值为 b/a。

任务实现：

（1）创建项目。启动 Microsoft Visual Studio 2008，进入 VB. NET 集成开发环境，此时系统生成一个默认名称为 Form1 的空白窗体界面。

（2）设计界面。在窗体上添加 5 个标签、5 个文本框控件和两个按钮控件。窗体布局见图 2-12。

（3）属性设置。各控件的属性设置如表 2-2 所示。

表 2-2 例 2.5 属性设置

类|控件名	属性	设置值	类|控件名	属性	设置值
Form1	Text	"记事本应用程序"	Label1	Text	"斜边长："
TextBox1	Text	""	Label2	Text	"正弦值："
TextBox2	Text	""	Label3	Text	"正切值："
TextBox3	Text	""	Label4	Text	"直角边长："
TextBox4	Text	""	Label5	Text	"余弦值："
TextBox5	Text	""	Button1	Text	"计算"
Button2	Text	"退出"			

（4）编写程序代码。在"计算"和"退出"按钮的 Click 事件过程分别编写如下代码。

```
Imports System.Math
Public Class Form1
Private Sub Button1_Click(...)Handles Button1.Click
        Dim a,b,c As Single
        c=Val(TextBox1.Text)
        b=Val(TextBox4.Text)
        a=Sqrt(c^2-b^2)
        TextBox2.Text=b/c
        TextBox3.Text=b/a
        TextBox5.Text=a/c
    End Sub
Private Sub Button2_Click(...)Handles Button2.Click
        End
    End Sub
 End Class
```

（5）保存项目。单击工具栏的"保存"按钮。

（6）运行程序。单击工具栏的"启动"按钮。程序运行见图 2-12。

2.4 自主学习——相关控件

2.4.1 图片控件

图片控件（PictureBox）是专门用于显示图片的控件，可显示. bmp,. gif,. jpg,. wmf

等格式的图形文件,主要属性如下。

• Image:设置显示在控件上的图片,当在程序运行时设置该属性,可通过如下语句来实现:

控件名. Image＝Image. FromFile("图片文件名")

当程序需要清除已装载的图片时,可通过如下语句来实现:

控件名. Image＝""

• SizeMode:用于控制调整图片框中显示的图片大小,有下列几个枚举值选项。Normal:加载的图片大小不变;StretchImage:加载的图片随图片框的大小而变化;AutoSize:图片框随加载的图片大小而改变;CenterImage:图片大小不变,在图片框中居中显示;Zoom:与 StretchImage 相似,但图片框大小变化时,保持原图片的纵横比例。

一般图片框控件不使用事件。

2.4.2　ToolTips 控件

ToolTips 控件的作用是当鼠标指向某控件上时,会弹出一个功能提示的黄色小标签,以提示用户该按钮的功能。ToolTips 控件是非用户界面控件,出现在窗体下方的专用区域。

【例 2.6】　对例 2.5 的两个按钮添加 ToolTips 提示信息。

提示:此处不需要编写代码,只要在窗体上添加 ToolTips 控件,如图 2-13 所示。然后,对窗体上需要添加提示的控件,在其属性窗口中添加的 ToolTips 属性中输入提示性文字。本例对"计算"和"退出"分别添加"计算三角函数值"和"退出应用程序",运行效果如图 2-14 所示。

图 2-13　例 2.6 设计界面

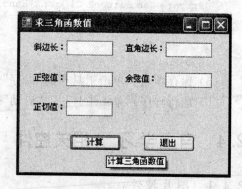

图 2-14　例 2.6 运行界面

思 考 题 二

1. 什么是类？什么是对象？什么是事件过程？

2. 对象的三要素是什么？

3. 简述建立一个完整的应用程序的过程。

4. 文本框要显示多行文字，应对什么属性进行何种设置？

5. 当向某文本框中输入数据并按了回车后，进行判断认为数据输入有错，怎样删除原来的数据，如何使焦点回到原来的文本框内？

第3章　Visual Basic.NET 程序设计语言基础

在本章中,主要讲述 VB.NET 的语言基础,其中包括基本数据类型、常量和变量以及运算符等,这些内容都是进行程序设计之前必须掌握的知识,只有牢固地掌握了这一部分的内容,才能为以后的程序设计打下良好的基础。

3.1　基本数据类型

3.1.1　计算圆球的体积和表面积

【例 3.1】　计算圆球的体积和表面积。

任务描述:

已知圆球的半径 r,计算圆球的体积和表面积。

任务分析:

根据数学公式,圆球的体积 $V=4/3*\pi*r*r*r$,$S=4*\pi*r^2$,程序输入半径 r,分别根据公式计算圆球的体积和表面积。

任务实现:

(1) 启动 VB.NET,创建如图 3-1 所示界面。

(2) 在"计算"按钮的 Click 事件中编写如下代码:

```
Private Sub Button1_Click(...)Handles Button1.Click
    Const π=3.1415926                    'π 为符号常量
    Dim r,s,v As Integer    'r,s,v 为单精度浮点型变量,分别存放圆球的半径、表面积和体积
        r=Val(TextBox1.Text)             'r 从文本框获得输入的半径值
        s=4*π*r*r                        '已知 r 求圆球的表面积
        v=4/3*π*r*r*r                    '已知 r 求圆球的体积
        TextBox2.Text=Format(s,"0.00")   '显示圆球的表面积,保留两位小数
        TextBox3.Text=Format(v,"0.00")   '显示圆球的体积,保留两位小数
End Sub
```

当程序运行后,输入圆球半径为 1,运行结果如图 3-1(a)所示,结果明显是错的,因为对存放计算结果的面积和体积的变量类型声明为整型,即 Dim r,s,v As Integer。这里,r,s,v 只能存放整数,所以计算结果不正确。将变量类型声明为单精度型,即 Dim r,s,v As Single,运行结果如图 3-1(b)所示。因为在程序设计语言中,对要处理的数据规定了存放的形式、取值的范围和能进行的运算精度。

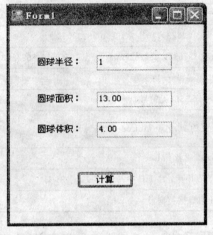
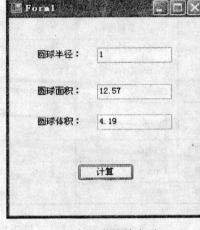

（a）变量为整形　　　　　　（b）变量为单精度型

图 3-1　求圆球的面积和体积

3.1.2　基本数据类型和标识符

在现实生活中存在各种各样的数据,如人的年龄一般不会带有小数,而表示人的身高通常带有小数位,再如人的名字一般用一串字符表示,这串字符不能进行加减等与数值相似的运算,只是表示特定的含义,除此以外还有许多其他的不同类型的数据。在计算机中要描述这些数据,就必须有能够表示不同类型数据的数据类型,在 VB. NET 中就定义了某一数据是整数、小数还是字符等,而且还定义了对不同类型数据的组织形式以及计算方法。

在 VB. NET 中有一组基本数据类型,每种数据类型都对应一个类型名,并且每种数据类型仅限于存放某种特定的信息,每种类型的数据都有一个上限和下限。表 3-1 中列出了 VB. NET 中的基本数据类型。

在程序设计过程中不仅需要存储的数据有类型之分,在程序代码中出现的值也是有类型之分的,通常值的形式决定了它的数据类型。编译器将整数值作为 Integer 处理(除非数值大到用 long 表示),将非整数值作为 double 处理。此外,VB. NET 还提供了一套值类型字符,可用于将值强制为某种类型,而不是由值的形式确定其类型,只需将值类型字符加于之后即可。表 3-2 中列出了可用的值类型字符。

表 3-1　VB. NET 的基本数据类型

分类	数据类型	占字节数	取值范围
整数类型	Byte(字节型)	1	0～255
	Short(短整型)	2	$-32\,768\sim+32\,767$
	Integer(整型)	4	$-2\,147\,483\,648\sim2\,147\,483\,647$
	Long(长整型)	8	$-9\,223\,372\,036\,854\,775\,808\sim9\,223\,372\,036\,854\,775\,807$
浮点类型	Single(单精度)	4	$-3.402823\times10^{38}\sim+3.402823\times10^{38}$
	Double(双精度)	8	$-1.79769313486232\text{E}308\sim+1.79769313486232\text{E}308$
	Decimal(小数型)	16	$-2^{92}\sim2^{92}-1$
字符型	Char	2	0～65 535(无符号)
字符串型	String	10+(2×字符 串长度)	0 至约 20 亿个 Unicode 字符
布尔型	Boolean	2	True 或者 False
日期型	Date	8	公元 1 年 1 月 1 日—9999 年 12 月 31 日
对象型	Object	4	任何数据类型

表 3-2　值类型字符

值类型字符	数据类型	值类型字符	数据类型
S	Short	F	Single
I	Integer	R	Double
L	Long	C	Char
D	Decimal		

下面,通过几条简单的语句来了解值类型的基本使用。

K＝211　　　　　　　'不使用值类型字符,则默认为是 Integer 类型
K＝211S　　　　　　'使用值类型字符 S,则认为是 Short 类型
K＝211L　　　　　　'使用值类型字符 L,则认为是 Long 类型
K＝211D　　　　　　'使用值类型字符 D,则认为是 Decimal 类型
K＝211F　　　　　　'使用值类型字符 F,则认为是 Single 类型
K＝211R　　　　　　'使用值类型字符 R,则认为是 Double 类型
M＝" A " C　　　　'使用值类型字符 C,则认为是 Char 类型

除了表 3-2 所列出的数据类型之外,其他的数据类型如 Boolean,Byte,Date,Object 和 String,以及任何复合数据类型都没有值类型字符。

为了便于对表 3-1 中所列出的数据类型有进一步的认识,下面按类别对表 3-1 中的数据类型进行说明。

1. 整数类型

在 VB. NET 中整数类型包括表中的 Byte,Short,Integer 和 Long,该数据类型允许

存储没有小数位的数据。由于在计算机中,又将可以区分正负的类型称为有符类型,无正负的类型(只有正值的)称为无符类型,所以在整数类型中又分为无符号整数型 Byte 和有符号整型 Short、Integer 和 Long。当确定某个数据不可能取负值时,并且它的取值不会超过 Byte 类型的取值范围,那么就可以设置它为 Byte 类型。

算术运算中,计算机对整数类型的处理速度要比对其他类型的处理速度快。在 VB.NET 中 Integer 数据类型的处理速度最快。

各种整数类型由于所占的存储空间大小不同,所能存储的数据的范围也有所不同,从表 3-1 可以看到,长整型 Long 所能存储的数据范围最大。在实际使用过程中,可根据所要存储的数据的大小来选择采用何种数据类型。例如要存储人的年龄,那么采用 Byte 就是最合适的数据类型了,因为人的年龄一般不会超过 Byte 类型的取值范围,并且年龄只有正值没有负值。而当要存放一个城市的人口数量时,就要使用 Integer 或 Long 类型了。在选择采用何种数据类型时,虽然选用一个比实际要存储值更大的数据类型没有什么错误,但是这会造成内存的浪费,并且也有可能会造成程序运行速度的降低,这种情况下程序也要对一些没有真正用到的内存区域进行操作。

如果试图为某种数据类型变量设置超过其取值范围的值,则将导致错误产生;如果试图将带小数点的数值赋给任何一种整数数据类型的变量,则小数部分将进行四舍五入处理。例如:

```
Dim I As Short          '有效范围为-32 768～32 767
I=32 768                '导致错误产生
I=4. 6                  'I 被转换为 5
```

2. 浮点类型

当涉及工程或科学计算时,通常所存储的数据都带小数点,这时就需要使用到小数类型。在计算机中最常用的小数类型就是双精度浮点型 Double,该类型既可以存储类似 3.141 592 6 这样的数,也可以存储如 $1.326\ 541\ 586 \times 10^{205}$ 这样用科学计数法表示的数。

Single 类型仅可以精确到 7 位十进制数,精确度不高,而 Double 型能精确到 15 位十进制数,所以在进行大数据运算时,可以采用 Double 型以提高运算精度。

在 Decimal 类型中可以存储非常精确的数字,在小数点后可以保留 28 位小数。当小数位数为 0 时,它支持很大的正数或负数,最大的可能值是±79 228 162 514 264 337 593 543 950 335。而在有 28 个小数位数时,最大值为±79 228 162 514 264 337 593 543 950 335,最小的非零值为±0. 000 000 000 000 000 000 000 000 000 1。

Single 和 Double 类型比 Decimal 支持的有效位数要少,在运算过程中可能导致舍入误差,但是能代表更大数量级的数字,有更大的取值范围。

需要注意的是,在为 Decimal 变量或常量赋整数值时,最好将值类型字符"D"添加到数字值后,以免数字值太大超过了 Long 数据类型,例如:

```
Dim I As Decimal
I=9223372036854775808          '溢出,大于 Long 数据类型
I=9223372036854775808D         '不溢出,因值为 Decimal 数据类型
```

根据需要选择正确类型有一个简要规则,就是使用最小、最简单的类型来完成工作,这样代码的效率最高。

3. 字符及字符串类型

当需要存储诸如姓名、性别等这样的数据时,就需要使用字符或字符串类型。如果存储单个字符,可以使用 Char 类型,这种类型的数据以 2 个字节的数值形式存储。如果要存储一串字符,则需要使用 String 类型,串中的每个字符也都以 2B 长度存储。

在 VB. NET 中,字符串是放在一对双引号("")内的若干字符,如果不包含任何字符,则该字符串称为空字符串。例如:

```
"A"                          '包含单个字符 A 的字符串
"欢迎使用 Visual Basic.NET"   '包含一串字符的字符串
""                           '空字符串
```

4. 其他类型

除了上面所提到的数据类型之外,在 VB. NET 中还提供了一些其他的数据类型。

· 布尔类型(Boolean)。Boolean 类型以 2B 长度的数值形式存储,只能取值 True 或 False。如果变量只能包含真-假、是-否或开-关等信息,可以将其声明为 Boolean 类型。Boolean 类型的默认值为 False。

· Date 类型。Date 类型以 8 个字节的数值形式存储,可以表示的日期范围为公元 1 年 1 月 1 日——9999 年 12 月 31 日,时间范围从 0:00:00～23:59:59。Date 数据类型的变量或常量中同时保存日期和时间,例如:

$$SomeDate= \#12/12/2010 \ 8:00 \ AM\#$$

在 VB. NET 中,编译器会将括于一对井号(#)之间的值看做 Date 类型。

· 对象类型。对象类型以 4B 长度的形式存储,它指向应用程序或其他应用程序中的一个对象。如果变量被声明为对象类型,则它能指向应用程序中任何处理的对象。

被声明为 Object 类型的编程元素可接受任何数据类型的值。当其中包含值类型时,Object 将被作为值类型处理;如果其中包含引用类型,它将被作为引用类型处理。在这两种情况下,Object 变量都不包含值本身,而是指向值的指针。由于代码使用指针定位数据,因此对 Object 变量的访问速度总是比具有明确类型的变量慢一些。

如果在声明中没有说明数据类型,则编译器默认变量的数据类型为 Object,Object 变量能够存储所有系统定义类型的数据。并且如果定义了 Object 类型的变量,那么当存储不同类型数据时就不需进行类型转换,VB. NET 会自动完成。例如:

```
Dim obj              '默认为 Object
obj=22               'obj 包含数值 22
obj="22"             'obj 包含双字符的串"22"
obj=#12/12/2005#     'obj 包含日期型值 12/12/2005
```

5. 标识符

在程序设计语言中,用标识符给用户处理的对象命名,例如例 3.1 中圆球半径用 r 命名。在 VB. NET 中标识符用来命名常量、变量、函数、过程、各种控件名称等。标识名的命名遵循以下规则：

- 由字母、下画线或汉字开头，后面可跟字母、下画线、数字等字符。
- 不能使用 VB. NET 程序设计语言中的关键字。
- 变量名长度不得超过 255 个字符。
- 在同一范围内变量名必须是唯一的。
- 最好能"见名思义"。

例如，合法的变量名：大学生、世博、wuhan、_AY。

以下是错误的变量名：

```
Dim              '不能与 VB.NET 中的关键字同名
a-b、a%b          '不允许出现的符号
2A               '不能以数字开头
```

3.2　常量和变量

在程序执行期间，变量用来存放可能发生变化的数据，而常量则表示固定不变的数据。

【例 3.2】 已知圆球的半径为 r，圆球的表面积公式为：$S = 4 * \pi * r^2$，其中 r 是变量，而 π（$\pi = 3.141\ 592\ 6$）是常量。

3.2.1　常量

常量在程序执行期间其值是保持不变的。编写程序时，经常会用到反复出现的常量值，或者还会用到一些难于记忆的特定数字，如圆周率等，这时，使用常量就能够大大提高代码的可持续性和可维护性。

在 VB. NET 中，可以使用声明语句来声明常量，语法格式如下：

[Public|Private|Friend|Protected|Protected Friend]Const 常量名[As 类型]＝表达式

语句中的 Public、Private 和 Friend 等可选项用来标明常量的有效范围，在此不做详细介绍。常量名是一个标识符，必须符合前面所讲的编程元素的命名规范，"As 类型"也是可选的，用来指明常量所对应的数据类型，其中"类型"可以是前面介绍过的基本数据类型，如 Integer，Single 或 Boolean 等。表达式由数字或字符串常数以及运算符组成，但其中不能使用变量以及函数（包括用户自定义的函数和内部函数）等。

常量的声明比较简单，例如：

```
Const daysinyear As Integer=365
Private Const workdays As Integer=250
Const conpi As Double=3.141 592 653 589 79
Const myage As Integer=9
Const datenow=#12/20/2010/#
Public Const str1 As String="Visual Basic.NET"
Const str2="Hello!"
```

在一行中使用逗号(,)作为分隔符可以同时声明多个常量，例如：

```
Const conpi As Double=3.141 592 7,Const daysinyear As Integer=365
```

等号右侧的表达式一般为数字或字符串,但也可以是能得到数字或字符串的表达式,用户甚至可以使用自定义的常量来定义新常量,例如:

```
Const conpi= 3.141 592 653 589 79
Const conpi2= conpi * 2
```

常量可以用其他常量定义,但必须小心不要出现常量间的循环引用。当程序中有两个以上的公共常量,而且每个公共常量都用另一个去定义时就会出现循环。例如:

```
Public Const a=b*2
Public Const b=a/2
```

如果出现循环定义,则 VB. NET 将产生一个编译器错误。

3.2.2 变量

变量在程序执行期间其值是发生变化的,它代表内存中指定的存储单元。每个变量都是有名字的,并且还有相应的数据类型。可以通过名字来引用变量,而数据类型确定了变量中可以存储的数据的类型。

1. 隐式和显式声明

VB. NET 提供了控制是否必须强制显式声明的 Option Explicit 语句,默认情况下,此语句后跟的值是 On,即要求在使用变量前必须显式声明变量。如果将此语句后跟的值设为 Off,则可以不声明即使用变量。

通过以下的方法,可以将 Option Explicit 语句后的值由默认值 On 更改为 Off。

(1) 在集成开发环境中的解决方案资源管理器中,使用鼠标右键单击(简称右击)项目名称,在弹出菜单中执行"属性"命令,如图 3-2 所示。接着,将弹出如图 3-3 所示的窗口,在此窗口的左侧选项卡中选择"编辑",即可看到编译器的默认设置。

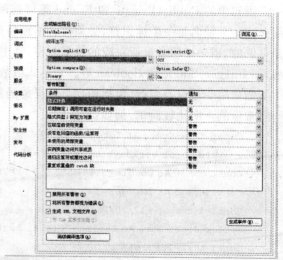

图 3-2　选择项目名称之后的右键弹出菜单　　　图 3-3　项目属性页窗口

(2) 要关闭显式声明,只需在 Option Explicit 项右侧的下拉列表框中选择 Off 即可。除了上述的方法外,也可以在代码窗口的开头输入语句

```
Option Explicit On/Off
```

来显示指明编译器的此项设置,如图 3-4 所示。但是如果使用 Option Explicit 语句,则只对出现该语句的源代码文件有效。

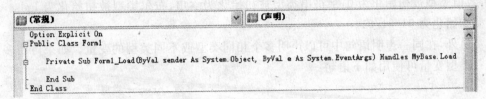

图 3-4　使用 Option Explicit 语句的代码窗口

如果将 Option Explicit 后的值设为 Off,则可以直接在代码中使用变量而无须声明,这样的声明方法称为隐式声明,用这样的方法声明的变量都被认为是 Object 类型。而其后的值设为 On 时,采用特定的声明变量语句声明变量的方法称为显式声明,此时所有在代码中出现的变量都必须遵循先声明后使用的原则。

虽然在将 Option Explicit 后的值设为 Off 的情况下使用隐式声明非常简单,对于任何变量都可以直接使用,但是在书写代码时可能会经常出现一些拼写错误,例如将"myage"输成"myaga",那么 VB. NET 将认为是两个不同的变量,这时程序就会达不到预期的效果,并且不便于查找和纠正错误。而 Option Explicit On 语句有助于纠正这种类型的错误,所以最好在代码中使用它或保持编译器的默认值。

2. 变量声明

在 VB. NET 中,可以使用声明语句来声明变量,语法格式如下:

Declare 变量名[As 数据类型]

其中,Declare 包括 Dim,Public,Protected,Friend,Protected Friend,Private,Shared 和 Static。这些语句都可以声明变量,只是所声明的变量的作用域不一样。

"As 数据类型"是可选的,用来定义变量的类型,如果省略,则默认变量是 Object 类型。但是当图 3-4 中的 Option Strict 语句后的值被设置为 On 时,则此部分不能省略,必须显式指明变量的类型。

Option Strict 语句后的值也可以跟两个值 On 或 Off,用来指定数据类型的转换限制。如果使用 On,则不允许自动类型转换,在需要时必须显式地转换类型;而使用 Off,则可自动进行类型转换,关于类型转换这部分,我们在后面会介绍到。此时只要知道当 Option Strict 后的值为 On 时,在声明变量时必须使用"As 数据类型"子句就可以了。此项编译器的默认值为 Off。

例如下面都是正确的变量声明语句:

```
Dim Myname As String          '声明 String 类型变量 Myname

Public Total As Integer       '声明 Integer 类型变量 Total

Dim Istrue As Boolean         '声明 Boolean 类型变量 Istrue
```

声明语句不仅可以声明变量,还可以在声明变量的同时对其初始化。例如下面的语句:

```
Dim Myname As String="Mike"        '声明变量 Myname 并设初值为 Mike
Public Total As Integer=100         '声明变量 Total 并设初值为 100
Dim Istrue As Boolean=True          '声明变量 Istrue 并设初值为 True
```

如果不指定初始值,则 VB. NET 会把它初始化为相应数据类型的默认值。一般来说,数值类型被初始化为 0,字符串类型被初始化为空串,布尔类型被初始化为 False,日期型初始化为 01/01/01。

另外,在同一声明语句中可以声明多个相同类型或不同类型的变量。如果声明多个同一类型变量可使用如下语句:

```
Dim I,J,K As Integer              '3 个变量都为 Integer 类型
Dim str1,str2 As String           '2 个变量都为 String 类型
```

如果声明多个不同类型的变量可使用如下语句:

```
Dim a As Integer,b As Single,c As Double
        '声明了 3 个不同类型的变量,a 是 Integer 类型,b 是 Single 类型,c 是 Double 类型
Dim ch As Char,str1 As String
        '声明了 2 个不同类型的变量,ch 是 Char 类型,str1 是 String 类型
```

此外,在声明多个不同类型变量时,还可以分别对其初始化,例如:

```
Dim a As Integer=5,b As Single=7.5,c As Double=3.141 592 7
Dim ch As Char="A",str1 As String="Output Data"
```

在 VB. NET 中还提供了一套类型字符,这些字符可在声明中指定变量或常量的数据类型。表 3-3 中列出了可用的标识符类型字符。而 Boolean,Byte,Char,Date,Object 和 Short 等数据类型,以及任何复合数据类型都没有标识符类型字符。

表 3-3　标识符类型字符

标识符类型字符	数据类型	标识符类型字符	数据类型
%	Integer	!	Single
&	Long	#	Double
@	Decimal	$	String

有了类型字符,在声明常量或变量时就不一定非要使用"As 数据类型",也可以采用如下的形式来声明:

```
Dim sum%                          '声明 Integer 类型变量 sum
Const pi#=3.141 592 653 589 79    '声明 Double 类型常量 pi
Dim avervalue!=1356.56            '声明 Single 类型变量 avervalue
Dim str1$="欢迎使用"              '声明 String 类型变量 str1
```

3.3　运算符和表达式

运算符就是用符号来描述的对数据的运算形式,这些运算包括算术运算、关系运算、逻辑运算和连接运算等。其中被运算的数据称为操作数或运算量,由运算符与运算量一

起组成表达式。如 $100+y*z$、$a+3$ 和 sum/n 等都是表达式。

下面按类别对 VB. NET 中提供的部分常用运算符进行介绍。

3.3.1 算术运算符

算术运算符用于执行简单的算术运算,是常用的运算符。表 3-4 中列出了这些算术运算符。

表 3-4 算术运算符

运算符	对应的运算	运算符	对应的运算
—	取负	\	整数除
^	指数	Mod	取模
*	乘法	+	加法
/	浮点除	—	减法

其中,取负(—)是一目运算,即只需要一个运算量的运算,其余的均是两目运算,需要两个运算量。例如:

```
-50                    '一目取负运算
20+80*2                '包含两个双目运算"+"和"*"的运算表达式
```

使用"*"和"/"运算符可以执行乘法和除法运算,例如:

```
Dim x As Single
x=52.8*43.6
x=65/30
```

使用"^"运算符可以执行指数运算,例如:

```
Dim x As Integer=20
Dim y As Integer
y=x^5
```

整除运算由"\"运算符执行,实际上整除运算的值为除法运算所得的商,但不包括小数部分。当运算操作数为整型值时,直接进行除法运算,如果运算操作数带有小数点,则被先四舍五入为整数,即转换为整数类型后再执行整除运算。例如:

```
Dim k As Integer
k=16\3             'k=5
k=24.7\5.3         'k=5
```

使用 Mod 运算符可以执行取模运算。取模运算返回除法运算所得的余数。如果除数和被除数都为整数类型,则返回值为整数;如果除数和被除数为浮点数类型,则返回值为浮点数。以下为使用 Mod 运算符的示例:

```
Dim x As integer=178
Dim y As Integer=26
Dim z As Integer
z=x Mod y             'z=22
Dim a As Double=100.3
```

```
Dim b As Double=4.13
Dim c As Double
c=a Mod b                    'c=1.18
```

3.3.2　关系运算符

关系运算符也叫比较运算符,可以比较两个表达式的值并返回代表比较结果的 Boolean 值(True 或 Fasle)。

1. 比较数字值

用于比较数字值的运算符共有 6 个,如表 3-5 所示。

表 3-5　关系运算符

运算符	示例	条件检查	返回值
=	a=b	a 的值是否等于 b 的值	a 等于 b,返回 True a 不等于 b,返回 False
<>	a<>b	a 的值是否不等于 b 的值	a 不等于 b,返回 True a 等于 b,返回 False
<	a<b	a 的值是否小于 b 的值	a 小于 b,返回 True a 不小于 b,返回 False
>	a>b	a 的值是否大于 b 的值	a 大于 b,返回 True a 不大于 b,返回 False
<=	a<=b	a 的值是否小于或等于 b 的值	a 小于或等于 b,返回 True a 不小于或等于 b(即 a 大于 b),返回 False
>=	a>=b	a 的值是否大于或等于 b 的值	a 大于或等于 b,返回 True a 不大于或等于 b(即 a 小于 b),返回 False

例如:
```
75>86              '结果为 False
(2^3* 8)>50        '结果为 True
```

2. 比较字符串

字符串比较可以通过数字比较运算符进行,字符串数据是按照其 ASCII 码值来进行比较的。在比较时,首先比较两个字符串的第一个字符,ASCII 码值较大的字符所在的字符串大,在第一个字符相同的情况下,依次比较第 2 个,第 3 个,……例如:
```
"a">"b"                 '结果为 False
"China"<"Chinese"       '结果为 True
"7">"50"                '结果为 True
```

3. 比较对象

Is 运算符能够确定两个对象变量是否指向对象的同一示例,主要用于对象操作,在此不做详细介绍。

3.3.3　逻辑运算符

逻辑运算符可以对多个 Boolean 表达式进行运算,返回的结果仍为 Boolean 类型 (True 或 False)。在 VB. NET 中提供了如表 3-6 所示的 6 种运算符。

表 3-6　逻辑运算符

运算符	对应的运算	运算符	对应的运算
Not	取非运算	Xor	异或运算
And	与运算	AndAlso	短路与运算
Or	或运算	OrElse	短路或运算

如表 3-6 中 And,Or,AndAlso,OrElse 和 Xor 运算符都用两个操作数,而 Not 运算符则只有一个操作数。

Not 运算符对一个 Boolean 表达式执行逻辑取反。也就是说,得到与表达式的值相反的结果。如果表达式的值为 True,则 Not 运算的结果为 False;如果表达式的值为 False,则 Not 运算的结果为 True。示例如下:

```
Dim x As Boolean
x=Not 50>30          'x=False
x=Not 15>80          'x=True
```

And 运算符对两个 Boolean 表达式执行逻辑与操作。如果两个表达式的值都为 True,则 And 运算的结果也为 True;如果一个表达式的值为 False,则 And 的运算结果为 False。例如:

```
Dim testand As Boolean
testand=12>10 And 56>43          'testand=True
testand=12>10 And 56<43          'testand=False
```

Or 运算符对两个 Boolean 表达式执行逻辑或操作。两个表达式中只要有一个为 True,则 Or 的运算结果为 True;如果两个表达式的值都为 False,则 Or 的运算结果为 False。例如:

```
Dim testor As Boolean
testor=12<10 Or 56<43          'testor=False
testor=12>10 Or 56<43          'testor=True
```

Xor 运算符对两个 Boolean 表达式执行逻辑异或操作。如果两个表达式的值相等,即同为 Ture 或同为 False,则 Xor 运算结果为 False,否则为 True。例如:

```
Dim testxor As Boolean
testxor=12>10 Or 56>43          'testxor=False
testxor=12>10 Or 56<43          'testxor=True
```

AndAlso 运算符与 And 运算符非常相似,它们都对两个 Boolean 表达式执行逻辑与操作,其不同在于 AndAlso 具有短路功能。如果 AndAlso 所连接的第一个表达式的值为 False,则不计算第二个表达式的值,就得出运算结果 False。

同样,OrElse 运算符对两个 Boolean 表达式执行短路逻辑或操作。如果 OrElse 所连

接的第一个表达式为 True,则不计算第二个表达式的值,就得出运算结果 True。示例如下:

```
Dim test As Boolean
test=12<10 And 56>43          '计算表达式 56>43,test=False
test=12<10 AndAlso 56>43      '不计算表达式 56>43,test=False
test=12>10 Or 56<43           '计算表达式 56<43,test=True
test=12>10 OrElse 56<43       '不计算表达式 56<43,test=True
```

前两条语句虽然从运算结果上看没有差异,都为 False,但是在第一条语句中,表达式 56>43 也会被计算到,而第二条语句在知道第一个表达式的结果为 False 的基础上就可以跳过第二个表达式 56>43,不计算直接得出结果值 False。后两条语句与前两条语句类似。

此外,对于数学中的区间判断,可以用 a≤x≤b,但在 VB. NET 中,只能使用逻辑运算符 And 来表示如下形式:a<=x　And　x<=b,只有这样才能表示 x 的值在[a,b]区间。

3.3.4　连接运算符

连接运算符可以将多个字符串连接起来合并为一个字符串。VB. NET 中定义了两个连接运算符:+ 和 &。

连接运算符的示例如下:

```
Dim str1,str2,str3 As String
str1="欢迎使用"
str2="VB.NET"
str3="你好!"+str1             'str3 为"你好! 欢迎使用"
str3=str1+str2                'str3 为"欢迎使用 VB.NET"
str3=str1 & str2             'str3 为"欢迎使用 VB.NET"
```

加号(+)除了可进行连接运算外,在前面也提到可以执行算术运算中的加法运算,而 & 是专门用做字符串连接运算的。在某些情况下,使用 & 比使用 + 更不容易出错。

3.3.5　表达式

表达式中可能存在一种运算,也可能存在多种运算,那么先执行哪种运算就是由运算符的优先级所决定。在 VB. NET 中,运算符的优先级由高到低依次为:

① 函数运算;

② 算术运算;

③ 字符串连接运算;

④ 关系运算;

⑤ 逻辑运算。

其中,关系运算的各个运算符优先级相同,从左向右依次计算,而算术运算和逻辑运算中各个运算符的优先级由高到低如表 3-7 所示。

表 3-7　运算符的优先级

算术运算	逻辑运算
指数(ˆ)	Not
取负(—)	And
乘法和浮点除(＊和/)	Or
整数除(\)	Xor
取模(Mod)	AndAlso
加法和减法(＋和—)	OrElse

当表达式中有多种运算符时,按照上面的优先级依次计算,如果想让低优先级的运算优先计算,那么可以像数学表达式一样使用括号来改变其计算顺序。但是因为在 VB. NET 中运算符比较多,其优先级次序容易记混淆,所以在书写表达式时,对于一些不十分确定运算符优先级,建议最好也在表达式中使用括号,即使这个括号可有可无。这样,表达式的执行顺序就非常清楚,不容易出错。例如下面的:

```
Dim result As Integer
result=7^2* 3                          '结果为 147
result=7^(2* 3)                        '结果为 117 649
```

对于使用或不使用括号就存在两种运算结果。又如:

```
Dim result As Boolean
result=Not 7>5 And 6>7                 '结果为 False
result=Not (7>5 And 6>7)               '结果为 True
```

另外,在书写表达式的时候需要注意,在数学运算中,乘号可以省略,但是在 VB. NET 中,乘号不能省略,并且也不能用(·)代替;而且改变运算符运算次序的括号也只能使用小括号,不能使用方括号([])和大括号({})。例如表达式:

```
x^2+2x-1                               '省略了乘号*
[6* (8-5)]^2                           '使用了方括号
```

在 VB. NET 中就是错误的。

3.4　类型转换

将值从一种数据类型转换为另一种数据类型的过程被称为类型转换。根据涉及的类型和源代码语法不同,转换可分为扩展转换和收缩转换,也可以分为隐式转换和显式转换。

1. 扩展转换和收缩转换

类型转换的重点之一就是转换的结果是否在目标数据类型的范围中。扩展转换就是将值转换为能容纳源数据的类型;收缩转换就是将值转换为可能无法容纳原始数据的数据类型,例如会导致溢出的类型转换。

(1) 扩展转换。表 3-8 所示的转换为部分标准扩展转换,从 Integer 和 Single,从 Long 到 Single 或 Double,以及从 Decimal 或 Double 的转换可能会导致精度损失,但不会导致数量级损失。从这种角度来说,它们不会导致信息损失。

表 3-8　部分标准扩展转换

源数据类型	目标数据类型
Byte	Byte，Short，Integer，Long，Decimal，Single 和 Double
Short	Short，Integer，Long，Decimal，Single 和 Double
Integer	Integer，Long，Decimal，Single 和 Double
Long	Long，Decimal，Single 和 Double
Decimal	Decimal，Single 和 Double
Single	Single 和 Double
Double	Double
Char	Char 和 String
任意类型	Object

扩展转换总会成功并一般总是被隐式执行。例如：

```
Dim a AsInteger
Dim b As Double
a=563
b=a                    '从 Integer 类型到 Double 类型的扩展转换
```

（2）收缩转换。标准收缩转换包括以下几种。

① 表 3-8 中列出的所有扩展转换的反向转换；

② Boolean 和任何数值类型间的转换；

③ 数据类型到任何枚举类型的转换；

④ Char 类型数组和 String 类型数组间的转换；

⑤ String 和任何数值类型、Boolean 或 Date 类型间的转换；

⑥ 数据类型或对象类型到其派生类的转换。

收缩转换不一定总能成功，也就是说它们在运行时可能会执行失败。如果目标类型不能接受被转换的值，则将产生错误。例如：

```
Dim num1 As Integer
Dim num2 As Short
num1= 32 768
num2=num1
'32 768 超出了 Short 的取值范围，在程序运行时将出现运算溢出的错误
```

2. 隐式转换和显式转换

隐式转换是自动完成的，不需要在源代码中使用任何特殊语法。例如：

```
Dim m As Integer
Dim n As Single
m=1000
n=m
```

显式转换需要使用类型转换函数，如表 3-9 所示，VB. NET 通过这些函数强制将括号中的表达式转换为目标函数。

表 3-9　类型转换函数

类型转换函数	目标数据类型	源数据类型
CBool	Boolean	任何数值类型(包括 Byte 和枚举类型,下同)、String 和 Object
CByte	Byte	任何数值类型、Boolean、String 和 Object
CChar	Char	String 和 Object
CDate	Date	String 和 Object
CDbl	Double	任何数值类型、Boolean、String 和 Object
CDec	Decimal	任何数值类型、Boolean、String 和 Object
CInt	Integer	任何数值类型、Boolean、String 和 Object
CLng	Long	任何数值类型、Boolean、String 和 Object
CObj	Object	任意类型
CShort	Short	任何数值类型、Boolean、String 和 Object
CSng	Single	任何数值类型、Boolean、String 和 Object
CStr	String	任何数值类型、Boolean、Char、Char 类型数组、Date 和 Object

表 3-9 中的类型转换函数在使用时带有一个参数,通常是一个字符串表达式或数值表达式,每个类型转换函数都将其强制转换为一种特定的数据类型。特别是在进行收缩转换时,当 Option Strict 语句后的值为 On 的情况下,必须使用类型转换函数进行,因为在此时不允许收缩转换的隐式转换。例如:

```
Dim n1 As Long
Dim n2 As Integer
n1=327
n2=n1
```

将出现 Option Strict On 不允许从 Long 到 Integer 的隐式转换的错误提示

必须将上面的语句:n2=n1 修改为 n2=CInt(n1)才可以。

除了上述类型转换函数外,还有 Ctype 函数也可以实现类型转换,只是这个函数需要两个参数,格式如下:

Ctype(表达式,类型名)

其中,第一个参数是将被转换的表达式,第二个参数为目标数据类型。请看如下代码:

```
Dim value1 As Single
Dim value2 As Integer
value1=563.32
value2=CType (value1,Integer)
```

注意:对于类型转换函数,如果其所操作的源值超出了目标数据类型的范围,将产生错误。例如,如果试图将 Long 类型的表达式转换为 Integer 类型,则必须保证要转换的源值在 Integer 类型的取值范围之内。

3. 转换中的值变化

如果源类型为值类型,则目标类型中将保存源值的一个副本。然而,此副本并非源值的精度重现。目标数据类型以不同的方式存储值,并且被表示的值也可能变化,这取决于转换的类型。

收缩转换修改源值的目标副本，并可能导致信息丢失。例如，小数将在转换为整数类型时被舍入；而数值类型在转换为 Boolean 时，也只有 True 或 False 两种表示。扩展转换将保留值，但修改其表示形式。例如：从 Integer 类型到 Decimal 或从 Char 到 String 的转换并不会导致源值发生变化。

如果源值为引用类型，则仅将副本指向值的指针，而不复制或修改值本身。唯一的改变只有保存指针的变量的数据类型。

4. 字符串类型和数值类型间的相互转换

字符串类型和数值类型都是最常用的数据类型，并且在编程过程中，需要经常进行这两种类型之间的相互转换，这样的转换可以使用前面所提到的类型转换函数来实现，也可以使用 VB. NET 中提供的其他的函数来实现。

（1）从数值类型到字符串类型的转换。使用 Format 函数不仅可以将数值类型转换为字符串类型，还可在转换时进行格式控制，其中不但可以包括正确的位数，而且能包含格式化字符，例如货币符号（￥）、千位分隔符号（,）、小数点分隔符号（.）等。Format 函数根据 Windows 控制面板中的区域设置，自动使用正确的字符。

除此以外，还有"0"和"＃"两个常用的数字格式的字符，其作用如下。

① "0"是占位字符，当格式串中包含一个 0 时则该位将显示一个数字或 0。如果要转换的数值表达式在格式字符串中出现 0 的位置上有数字，则在转换结果中该位显示为数字；否则在该位上显示 0。例如：

```
Format(23.32,"000.00")            '被转换后的结果为 023.32
```

如果要转换的数值表达式的位数少于格式表达式中 0 的个数（小数点任一侧），则显示前导零或尾随零。如果数值表达式的小数点分隔符号右侧的位数多于格式表达式中小数点分隔符号右侧零的个数，则将数字舍入到与零的个数相同的小数位置。如果数值表达式的小数点分隔符号左侧的位数多于格式表达式中小数点分隔符号左侧零的个数，则不做任何修改的显示所有的数字。例如：

```
Format(5623.32,"00000.000")
'格式串小数点两侧的 0 均多于数值表达式两侧的位数，则转换结果为 05623.320
Format(5623.3278,"0000.000")
'格式串小数点右侧的 0 比数值表达式右侧的位数少，则转换结果为 5623.328
```

② "＃"是数字占位符，当格式串中包含一个 ＃ 时，则该位将显示一个数字或不显示任何数字。如果要转换的数值表达式在格式字符串中出现 ＃ 字符的位置上有数字，则显示该数字；否则该位置不显示任何数字，也不显示 ＃ 字符。例如：

```
Format(5623.32,"#####.##")        '转换结果为 5623.32
```

但是，当数值表达式的小数点分隔符号右侧的位数多于格式表达式中小数点分隔符号右侧 ＃ 的个数时，也会将数字舍入到与 ＃ 的个数相同的小数的位置。例如：

```
Format(5623.3278,"###.##")        '转换结果为 5623.33
```

＃ 数字占位符与 0 数字占位符的作用相似，不同的是当数字的位数少于格式表达式中的小数点分隔符任一侧 ＃ 字符的个数时，不显示前导 ＃ 和尾随 ＃。

当格式串中包含除了 0 和 # 以外的字符,如"￥"或",",时,则根据 Windows 控制面板中的区域设置进行转换,例如:

```
Format(2232.3285,"00,000.00")
'被转换为 String 类型,并按格式串的要求输出,结果为 02,235.33
Format(9656.75,"￥##,000.00")
'被转换为 String 类型,并按格式串的要求输出,结果为￥9,656.75
```

此外,还可以使用 Str 函数来实现转换,Str 函数只能将数值转换为字符串类型,不能进行格式化设置,而且当数值转换为字符串时,始终为数值的符号保留一个前导空格。如果数值为正,则返回的字符串包含前导空格,并暗含加号;如果为负数则将包括减号(一),且没有前导空格。而使用 Format 函数转换则不包含用于数值符号的前导空格。

```
Str(45.63)          '结果为"45.63",包含一个前导空格
```

(2) 从字符串类型到数值类型的转换。使用 Val 函数能将字符串中的数字转换为数字类型,转换时 Val 函数从字符串中读取字符,遇见除数字、空格、制表符外都不能被识别,例如货币符号与逗号。此时,Val 函数返回的结果是被正确转换的数字。例如,语句:

```
Val("23.85 miles")
```

将返回数值 23.85。

3.5　常用函数

在 VB. NET 程序中提供大量的内部函数,它们是 VB. NET 已经定义好的,用户可以直接使用。这些常用的函数对于编写应用程序是十分有用的,在后面的例子中也会经常用到,为了便于说明,在此将函数分类别进行说明。

1. 数学函数

在 VB. NET 中常用的数学函数如表 3-10 所示,它们不仅名称与数学中的函数名称相似,功能也与数学中的函数功能相似。

表 3-10　常用数学函数

函数名称	用法	功能说明
Abs	Abs(x)	返回 x 的绝对值
Sin	Sin(x)	返回 x 的正弦值
Cos	Cos(x)	返回 x 的余弦值
Tan	Tan(x)	返回 x 的正切值
Atan	Atan(x)	返回 x 的反正切的值
Sqrt	Sqrt(x)	返回 x 的平方根
Exp	Exp(x)	返回 e 的 x 次方
Log	Log(x)	返回 x 的自然对数
Log10	Log10(x)	返回 x 的常用对数
Sign	Sign(x)	返回 x 的符号,x>0 时为 1 x<0 时为-1,x=0 时为 0

注意：这些数学函数不能直接使用，因其在名称空间 System. Math 中定义，所以要使用这些函数，必须在代码编辑窗口的首行加上 Imports System. Math 语句，或者在使用函数时采用如下格式：

Math. 函数名

否则将出现"名称未声明"的错误提示，如图 3-5 所示。

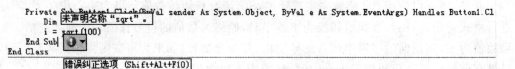

图 3-5　显示错误提示的代码窗口

2. 转换函数

常用的转换函数如表 3-11 所示。

表 3-11　常用转换函数

函数名称	用法	功能说明
Fix	Fix(x)	返回 x 的整数部分,舍掉小数部分
Int	Int(x)	返回不大于 x 的最大整数
Hex	Hex(x)	将十进制数 x 转换为十六进制数
Oct	Oct(x)	将十进制数 x 转换为八进制数
Asc	Asc(str1 $)	返回字符串 str1 中第一个字符的 ASCII 码
Chr	Chr(x)	返回数值 x 所对应的 ASCII 码字符
Val	Val(str1 $)	返回字符串 str1 中的数字,当遇到第一个不能转换的字符时停止
Str	Str(x)	将 x 转换为字符串类型

Fix 函数和 Int 函数都是取整函数，但是 Fix 函数返回的是舍掉小数部分的整数部分，而 Int 函数求得的是不大于函数参数的最大整数。对于参数大于或等于零时，两者返回的值相同，而当参数小于零时，两者返回的值绝对值相差 1。例如：

```
Dim fix1,fix2,int1,int2 As nteger
fix1=Fix(7.6)              '结果为 7
int1=Int(7.6)             '结果为 7
fix2=Fix(-7.6)            '结果为-7
int2=Int(-7.6)           '结果为-8
```

Asc 函数和 Chr 函数可以说是一对互逆的函数，一个求指定字符的 ASCII 码，另一个是求某一 ASCII 码所对应的字符，例如，大写字母'A'所对应的 ASCII 码是 65，那么下面例子中的语句：

```
Dim chrA As String
Dim ascA As Integer
```

```
chrA=Chr(65)
ascA=Asc("A")
```

就分别返回字符"A"和 65。

3. 字符串函数

常用的字符串函数如表 3-12 所示。

表 3-12　常用字符串函数

函数名称	用法	功能说明
LCase	LCase(str1 $)	将字符串 str1 全部转换为小写
UCase	UCase(str1 $)	将字符串 str1 全部转换为大写
Len	Len(str1 $)	返回字符串 str1 的长度
Mid	Mid(str1 $,n1,n2)	返回字符串 str1 中从 n1 指定的位置开始的 n2 个字符
Left	Left(str1 $,n)	返回字符串 str1 左边的 n 个字符
Right	Right(str1 $,n)	返回字符串 str1 右边的 n 个字符

　　字符串操作函数中,Lcase 函数用来将参数中的字母全部转换为小写,而 Ucase 则将其全部转换为大写。Len 函数用来求串的长度,也就是串中所包含的字符的个数。Mid, Left 和 Right 函数是用来提取字符串的,其中需要注意的是,Left 和 Right 函数如果用于 Windows 窗体或其他任何具有 Left 和 Right 属性的类时,前面必须加上 Microsoft. VisualBasic,即写为 Microsoft. VisualBasic. Left 或 Microsoft. VisualBasic. Right 的形式。下面通过一个具体的例子来熟悉字符串操作函数的具体使用。

　　【例 3.3】　设计一个应用程序,能够实现将任意输入的一个字符串中的第一个和最后一个字符提取并显示出来,而且还能实现将结果串中所包含的字母进行大小写的随意转换。

　　(1) 分析题意之后,一共需要用到下面几个组件:1 个 Form 控件、3 个 Label 控件以及 4 个 Button 控件。首先使用工具箱在窗体上放置好各控件的位置,然后再根据表 3-13 中的要求设置各控件的属性值。

表 3-13　例 3.3 中各控件的主要属性值

控件类别	控件属性名	设置的属性值
Form	Name	Form1
	Text	字符串提取
Label	Name	Lbl1
	Text	请输入一个字符串
	Font	字体:宋体,字形:粗体,大小:五号
Label	Name	Lbl2
	Text	源串
	Font	字体:宋体,字形:粗体,大小:五号

续表

控件类别	控件属性名	设置的属性值
Label	Name	Lbl3
	Text	提取后的串
	Font	字体:宋体,字形:粗体,大小:五号
TextBox	Name	Txt1
	Text	""(空白)
TextBox	Name	Txt2
	Text	""(空白)
Button	Name	Button1
	Text	提取
Button	Name	Button2
	Text	转换成大写
Button	Name	Button3
	Text	转换成小写
Button	Name	Button4
	Text	退出

设置完成后,用户界面如图 3-6 所示。

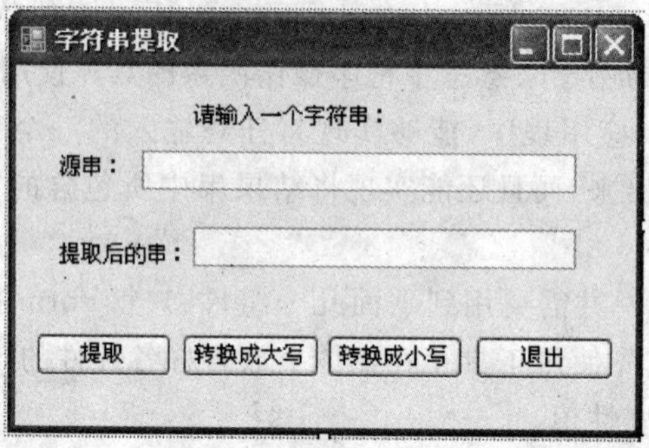

图 3-6　设置完成后的用户界面

（2）分别编写相应的事件处理程序,以实现题目所要求的功能。对于窗体上的 Label 控件和 TextBox 控件,不需对其编写事件处理程序,因为 Label 控件只是用于提供必要的操作提示信息,而 TextBox 控件则用来输入和输出,所以这里仅需对按钮控件编写事件程序。

对于"提取"按钮,可以使用 Mid 函数或 Left 和 Right 函数来实现,在此,为了能够让大家对 Len 函数也有一定的了解,使用 Mid 函数来实现,具体的代码设计如下。

```
Private Sub Button1_Click(...)Handles Button1.Click
    Dim strInput,str1,str2 As String
    Dim n As Integer
    strInput=Txt1.Text                    '读取用户输入的源串
```

```
        n=Len(strInput)              '求用户输入的字符串的串长
        str1=Mid(strInput,1,1)       '提取出第一个字符
        str2=Mid(strInput,n,1)       '提取出最后一个字符
        Txt2.Text=str1 & str2        '使用运算符 & 连接后将结果输出
    End Sub
```

对于"转换成大写"按钮使用 UCase 函数实现，具体的代码设计如下：

```
Private Sub Button2_Click ...)Handles Button2.Click
    Txt2.Text=UCase(Txt2.Text)       '使用 UCase 函数将结果转换成大写后输出
End Sub
```

对于"转换成小写"按钮使用 LCase 函数来实现，具体的代码设计如下：

```
Private Sub Button3_Click(...)Handles Button3.Click
    Txt2.Text=LCase(Txt2.Text)       '使用 LCase 函数将结果转换成小写后输出
End Sub
```

（3）代码书写完成之后，就可以运行程序，按 F5 键，在源串文本框中输入"Welcome to BeiJing"，单击"提取"按钮，其界面如图 3-7 所示。

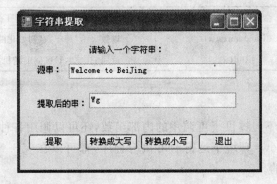

图 3-7　运行结果界面

单击"转换成大写"按钮、"转换成小写按钮"，则显示提取结果文本框中的内容分别为"WG"."wg"，单击"退出"按钮则结束程序。

4. 时间和日期函数

常用的时间和日期函数如表 3-14 所示。

表 3-14　常用时间和日期函数

函数名称	用法	功能说明
Year	Year(DateValue)	返回 Date 类型 DateValue 中的年份
Month	Month(DateValue)	返回 Date 类型 DateValue 中的月份
Day	Day(DateValue)	返回 Date 类型 DateValue 中的日期
Hour	Hour(DateValue)	返回 Date 类型 DateValue 中的小时
Minute	Minute(DateValue)	返回 Date 类型 DateValue 中的分钟
Second	Second(DateValue)	返回 Date 类型 DateValue 中的秒

　　日期和时间函数主要用来返回某一时间值中的年、月、日、时、分和秒的信息,需要注意的是,若要使用 Day 函数,则必须在其前面加上 Microsoft. VisualBasic。如下语句给出了这些函数的具体使用方法。

```
Dim datevalue As Date
datevalue=#12/12/2010 3:23:26 PM#
MsgBox(Year(datevalue))                          '返回 2010
MsgBox(Month(datevalue))                         '返回 12
MsgBox(Microsoft.VisualBasic.Day(datevalue))     '返回 12
MsgBox(Hour(datevalue))                          '返回 15
MsgBox(Minute(datevalue))                        '返回 23
MsgBox(Second(datevalue))                        '返回 26
```

5. 随机数函数

随机数函数如表 3-15 所示。

表 3-15　随机数函数

函数名称	用法	功能说明
Randomize	Randomize(x)	以数 x 为"种子数"初始化随机数发生器
Rnd	Rnd(x)	返回一个[0,1)区间的随机数

6. Shell 函数

　　在 VB. NET 中,不但提供了可调用的内部函数,还可以调用各种应用程序,也就是凡是能在 DOS 或 Windows 环境下运行的可执行程序,都可以在 VB. NET 中调用,这是通过 Shell 函数来实现的。

Shell 函数的格式如下:

Shell(命令字符串[,窗口类型])

其中:

命令字符串:要执行的程序名,包括路径,必须是可执行文件(扩展名为.exe、.com、.bat)

窗口类型:表示执行应用程序的窗口大小,0~4、6 的整数值,一般取 1,表示正常窗口状态。函数成功调用的返回值为一个任务标示 ID,它是运行程序的唯一标识。

　　例如,当程序运行时要执行计算器程序,则调用 Shell 函数如下:

Shell("C:\windows\system32\calc.exe",1)

运行结果如图 3-8 所示。

7. IsNumeric 函数

IsNumeric 函数的形式如下:

IsNumeric(表达式)

作用:判断表达式是否是数值数据,若是,返回 True;

图 3-8　运算器界面

否则,返回 False。该函数对输入的数值数据进行合法性检查很有用。

例如:

```
IsNumeric(2010n)              结果为 False
IsNumeric(-985)              结果为 True
```

3.6　综合实训

本章介绍了 VB. NET 语言基础,如数据类型、变量和常量的声明、运算符和表达式的意义及其表示、常用函数等。这些内容都是后面学习的基础。初学者需要理解并牢记,计算机语言有很多种,每种语言都有自己的语法规则,必须按照它的规定书写,否则不能通过系统编译。

【例 3.4】　顾客购买商品付款程序。

任务描述:

设计一个实现顾客购买商品付款功能的程序。通过购买商品名称、商品单价、购买数量、打折利率计算所购买商品应付款、实付款等。运行界面如图 3-9 所示。

其中,应付金额＝商品单价＊购买数量;酬宾价＝商品单价＊八折折扣;找零金额＝顾客实付－酬宾价＊购买数量。

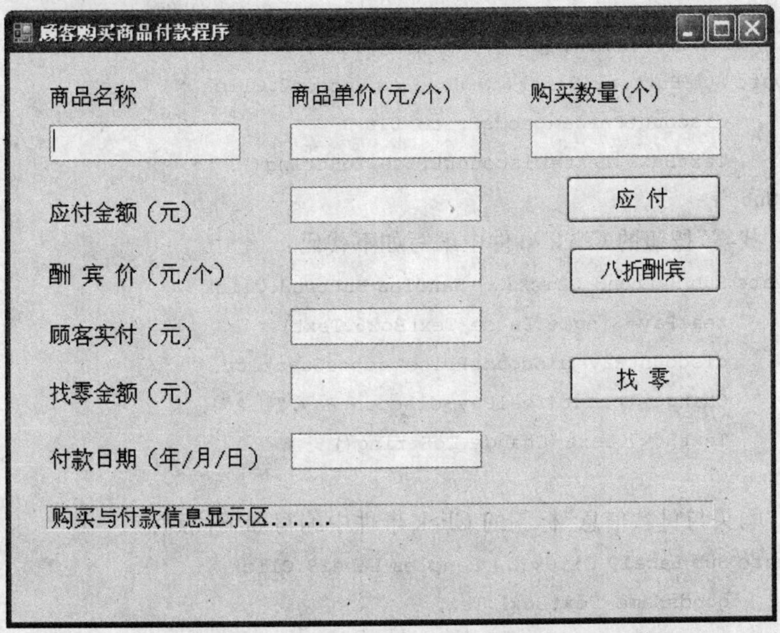

图 3-9　顾客购买商品付款设计界面

任务分析:

设定该程序所需参数:购买商品名称 goodsName(String)、商品单价 goodsPrice(Single)、购买数量 goodsQuantity(Long)、应付金额 shallPay(Single)、酬宾价 discountPrice(Single)、顾

客实付 realPay（Single）、找零金额 Change（Single）、付款日期（buyDate）以及打折付款 discountPay（Single）等。

通过以上参数设定计算公式：

（1）shallPay＝goodsPrice＊goodsQuantity

（2）discountPrice＝goodsPrice＊0.8

（3）discountPay＝discountPrice＊goodsQuantity

Change＝realPay－discountPay

设定三个"应付"、"八折酬宾"、"找零"按钮和一个"购买与付款信息"标签的事件代码，编程完成对应的程序功能。

任务实现：

（1）设计如图 3-9 所示的顾客购买商品实现付款功能的程序界面。

（2）在"应付"按钮的 Click 事件中编写如下代码：

```
Private Sub Button1_Click(...) Handles Button1.Click
        goodsPrice=Single.Parse(TextBox2.Text)
        goodsQuantity=Long.Parse(TextBox3.Text)
        shallPay=goodsPrice*goodsQuantity
        TextBox4.Text=shallPay.ToString()
End Sub
```

（3）在"八折酬宾"按钮的 Click 事件中编写如下代码：

```
Private Sub Button2_Click(...) Handles Button2.Click
        discountPrice=goodsPrice*0.8
        TextBox5.Text=discountPrice.ToString()
End Sub
```

（4）在"找零"按钮的 Click 事件中编写如下代码：

```
Private Sub Button3_Click(...) Handles Button3.Click
        realPay=Single.Parse(TextBox6.Text)
        discountPay=discountPrice*goodsQuantity
        Change=Format(realPay-discountPay,"#.#")
        TextBox7.Text=Change.ToString()
End Sub
```

（5）在"购买与付款信息"标签的 Click 事件中编写如下代码：

```
Private Sub Label9_Click(...) Handles Label9.Click
        goodsName=TextBox1.Text
        buyDate=Date.Parse(TextBox8.Text)
        DimbuyYear As Integer,buyMonth As Integer,buyDay As Integer
        buyYear=Year(buyDate)
        buyMonth=Month(buyDate)
        buyDay=buyDate.Day
        Label9.Text=buyYear.ToString()&"年"&buyMonth.ToString()&"月"&
```

```
                 buyDay.ToString()&"日"& Space(2)&"顾客购买"& goodsName
                 &"商品"& goodsQuantity &"个,"& vbNewLine &"应付款"&
                 shallPay &"元,"&"实付款"& realPay &"元,"&"找零"& Change
                 &"元"

     End Sub
```

　　程序运行后,输入商品名称、商品价格、购买数量、顾客实付、付款日期参数值,通过"应付"、"八折酬宾"和"找零"三个按钮分别计算应付金额值、酬宾价和找零金额,通过"购买与付款信息显示区…"标签显示购买商品与付款信息。

　　运行结果如图 3-10 所示。

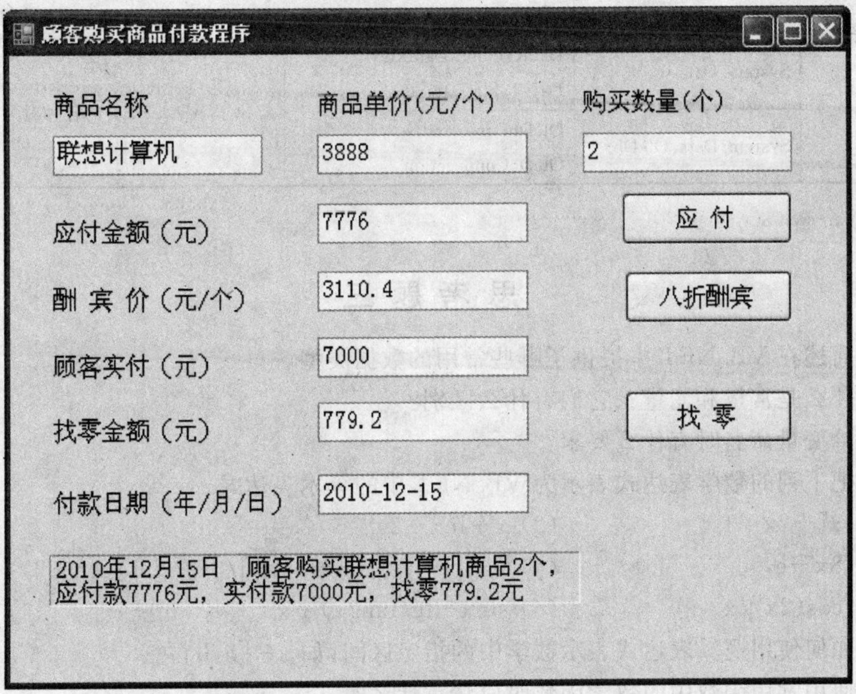

图 3-10　顾客购买商品付款程序运行界面

3.7　自主学习——命名空间

　　为了便于用户开发应用程序,使用系统提供的资源,微软公司通过命名空间把类库划分为不同的组,将功能相似的类划分到相同的命名空间,这些命名空间也是分层的,这如同计算机磁盘的目录结构组织存放文件。有了命名空间,可以方便地组织应用程序要使用的各个类。

　　System 是.NET 基础类库的根命名空间,根据功能分成若干子空间。表 3-16 列出了常用的.NET 命名空间和部分类。

表 3-16　常用. NET 命名空间和部分类

类别	命名空间	命名空间的部分类和结构	说明
基本数据类型	System	Array Console DateTime Exception String Math	含有大多数基本的和经常使用的数据类型、事件和事件处理程序、属性和异常处理等
编程基础	System. Collections	ArrayList	对象的集合
	System. Io	SteamReader SteamWriter	文件管理及其输入输出
图形用户界面	System. Drawing	Bitmap Brush Color	二维图形功能和对 GDI＋的访问
	System. Windows. Forms	Button TextBox Label	基于 Windows 的用户界面功能
数据	System. Data	DataColumn DataRow DataTable DataSet	提供了 ADO. NET 的各种对象
	System. Data. OleDb	OleDbCommand OleDbConneection	

思 考 题 三

1. 简述在 VB. NET 中提供了哪些常用的数据类型。

2. 什么是常量和变量？它们有什么区别？

3. 给变量命名时有什么要求？

4. 把下列的数学表达式表示为 VB. NET 中的算术表达式。

(1) x^2+2x+1 　　　　　　　(2) $x+\ln x-2e^x$

(3) $8x+e^{-x^2}$ 　　　　　　　(4) $(-1)^{(n-1)}[(2n-1)2n]/[(2n+1)(2n+2)]$

(5) $\cos(2x)/x^2$ 　　　　　　(6) $\sin x+\lg(\tan 2x)+x^4$

5. 如何使用逻辑表达式表示数学中的指定区间，如 $x\in[a,b]$。

6. 使用常用函数中的数学函数时应注意什么？

第4章 VB.NET 控制结构

在程序代码中包含一系列语句,需要采用一定的控制结构实现对这些语句的控制,进而控制程序的执行流程。这就是平常所说的3种基本结构:顺序结构、选择结构(也称分支结构或条件结构)和循环结构(重复结构)。

4.1 顺序结构

顺序结构就是按照语句的书写次序依次执行。一般的程序设计语言中,顺序结构的语句主要是赋值语句、输入输出语句等,在 VB.NET 中,这些功能主要是通过文本框控件、标签控件、InputBox 函数、MsgBox 函数等实现。

4.1.1 数据交换

【例 4.1】 数据交换。

任务描述:

输入两个数据,两数互换。交换前窗口运行界面如图 4-1(a)所示,交换后运行界面如图 4-1(b)所示。

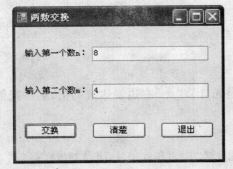
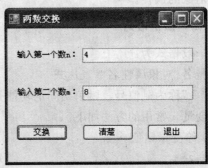

(a) 数据交换前   (b) 数据交换后

图 4-1 两数交换运行结果

任务分析：

两个人交换位置，只要各自去坐对方的位置即可，这是直接交换。一杯咖啡和一杯茶

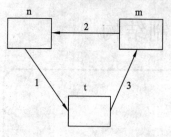

互换时，就不能直接从一个杯子倒入另外一个杯子，必须借助一个空杯子，先把咖啡倒入空杯，再将茶倒入已倒空的咖啡杯中，最后再把咖啡倒入已倒空的茶杯中。这样，才能实现咖啡和茶的交换，这是间接交换。

图 4-2　两个数的交换过程

由于计算机的内存在同一存储单元有新数据覆盖旧数据的特点，因此计算机中的数据交换只能采用借助于第三变量的间接交换方法，如图 4-2 所示，语句如下：

```
t=n
n=m
m=t
```

任务实现：

（1）创建项目、添加控件、设置属性。

（2）事件过程代码如下：

```
Private Sub Button1_Click(...) Handles Button1.Click
    Dim temp As Integer
    temp=TextBox1.Text
    TextBox1.Text=TextBox2.Text
    TextBox2.Text=temp
End Sub
```

从本例可以看出，程序的执行顺序是自上而下，依次执行。因此，编写程序也必须遵守这一规定，否则程序运行结果可能不正确。

4.1.2　赋值语句

赋值语句是顺序结构最基本的组成部分。用赋值语句可以把指定的值赋给某个变量或某个对象的属性。

1. 简单赋值语句

其一般格式为：

变量名|对象属性名＝表达式

其中的"＝"称为赋值号。赋值语句的功能是先计算"＝"右边表达式的值，然后把值赋给左边的变量。常用的方法如下。

（1）给变量赋值。

```
s=2+3                           '先计算 2+3 的和为 5,然后把 5 赋值给 s
str1="程序设计"+"VB.NET 2008"   '表示把串"程序设计 VB.NET 2008"赋值给 str1
```

（2）给对象的属性设定值。

```
TextBox1.Text="北京欢迎您!"      '在文本框 TextBox1 中显示字符串
```

说明：

(1) 赋值语句中"＝"的作用和关系运算中"＝"的作用是截然不同的。赋值运算符的左边只能是一个合法的变量或对象属性，而不能是表达式；而关系运算符"＝"可以出现在表达式的任何位置，其功能是判断两边的值是否相等。例如：

i＝j＝3

第 1 个"＝"为赋值号，第 2 个为关系运算符。这个表达式的功能是先判断 j 的值是否为3，若为 3，再把结果 True 赋值给 i，而不是把 3 分别赋值给 i 和 j。

(2) n＝n＋1 表示把 n 的值与 1 相加，结果再赋值给 n。假定 n 的初值为 3，则执行此语句后，n 的值为 4。而不能把"＝"看成数学式子中的等号。

2. 复合赋值语句

复合赋值语句一般格式如下：

变量名 复合赋值运算符 表达式

其目的是简化程序代码，同时还可以提高程序的编译效果。

其功能为先计算右边表达式的值，然后与左边的变量进行相应的运算，最后把结果赋值给变量。例如：

(1) n＋＝1 等价于 n＝n＋1。

(2) n＊＝2＋3 等价于 n＝n＊(2＋3)，而不等价于 n＝n＊2＋3。若 n 的初值为 3，则此语句执行后，n 的值为 15，而不是 9。

说明：

(1) 赋值语句兼有计算与赋值的双重功能，它首先计算赋值号右边表达式的值，然后把结果赋给赋值号左边的变量名或对象属性名。

(2) 在赋值时，若右边表达式类型与左边变量类型不同时，系统会进行适当的类型转换，举例如下：

① 当赋值号两端都为数值型（但精度不相同）时，将表达式的值强制转换成左边变量的精度。

```
Dimi As Integer
Dim j As Double
i=3.7+2.7              '先计算出结果 6.4,然后把 6.4 转换成 Integer 类型的值 6 赋给 i
j=2+3                  '先计算 2+3 的结果为 5,然后把 5 转换成 Double 的 5.0 再赋值 j
```

② 当表达式为数字字符串，左边变量是数值类型时，则自动把字符串转换成数值再赋值。当表达式中含有非数字字符或空串，则出错。

```
Dimi As Integer
i="123"                '先把字符串"123"转换成整数 123,再赋给 i
i="123a4"              '出错
```

③ 当左边变量是字符类型，而右边为非字符类型时，则自动把计算结果转换成字符串再赋值。

```
Dim str1 As String
str1=23+45             '先计算 23+45 的和为 68,再把 68 转换成"68"赋给 str1
```

④ 当逻辑型赋值给数值型时,True 转换为－1,False 转换为 0;反之,当数值型赋给逻辑型时,非 0 转换为 True,0 转换为 False。

(3) 如前所述,Visual Basic. NET 中的语句通常按"一行一句,一句一行"的规则书写,但也允许多个语句写在同一行中。在这种情况下,各语句之间必须用冒号隔开。例如:

```
a=3:b=4:c=5
```

在一行中有 3 条语句。这样的语句行称为复合语句行。复合语句行中的语句可以是赋值语句,也可以是其他任何有效的 Visual Basic. NET 语句。但是,如果含有注释语句,它必须是复合语句行的最后一个语句。

4.1.3　数据的输入和输出

在程序运行时,需要给一些对象输入数据。输入数据的方式有很多种,如键盘、鼠标和文件等,在此,先讲 InputBox 函数和 TextBox 控件。

1. InputBox 函数

利用 InputBox 函数,可以使程序员在程序中要输入数据的地方产生一个对话框,只要一行代码就可以实现这个功能,节省了程序开发所需要的时间。

InputBox 函数的语法为:

```
InputBox(prompt[,title][,default][,xpos][,ypos])
```

InputBox 函数的参数说明如表 4-1 所示。

表 4-1　InputBox 函数的参数

参数	说　　明
prompt	必需项。作为对话框消息出现的字符串表达式。Prompt 的最大长度大约是 1024 个字符,由所用字符的宽度决定。如果 Prompt 包含多个行,则可在各行之间用回车符 Chr(13)、换行符 Chr(10)或回车换行符的组合 Chr(13) $ Chr(10)来分隔
title	可选项。显示对话框标题栏中的字符串表达式。如果省略 title,则把应用程序名放入标题栏中
default	可选项。显示文本框中的字符串表达式,在没有其他输入时作为默认值。如果省略 default,则文本框为空
xpos	可选项。数值表达式,指定对话框的左边与屏幕左边的水平距离。如果省略 xops,则对话框会在水平方向居中的位置
ypos	可选项。数值表达式,指定对话框的上边与屏幕上边的距离。如果省略 ypos,则对话框被放置在屏幕垂直方向距下边大约三分之一的位置

如果用户单击"确定"按钮或按下 Enter 键,则 InputBox 函数返回文本框中的内容。如果用户单击"取消"按钮,则此函数返回了一个长度为零的字符串("")。

【例 4.2】　输入圆的半径,求圆的面积。程序如下:

```
Private Sub Button1_Click(…)Handles Button1.Click
    Dim r,s As Double
    r=InputBox("请输入圆的半径:","求圆的面积")
    s=3.14*r*r
    TextBox1.Text=s
```

```
End Sub
Private Sub Button2_Click(...)Handles Button2.Click
    '"退出"按钮的功能是退出
    Close()
End Sub
```

注意：在以后的例子中，只写"运行"按钮的程序段。"退出"按钮省略不写。

程序的运行如图 4-3 所示。

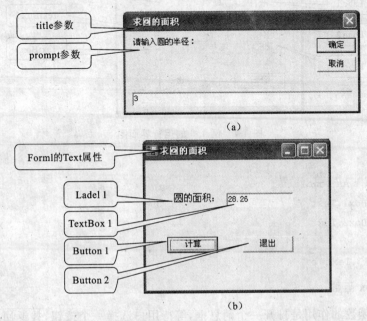

图 4-3　例 4.2 的运行界面图

在 InputBox 对话框中，如果用户输入数据后再单击"确定"按钮，则数据会传递给 r 变量；如果用户单击"取消"按钮，则返回一零长度字符串给 r 变量。

这里省略了 x 及 y 坐标值（整型表达式，表示相对于屏幕左上角的像素数），对话框自动放置在屏幕的正中。可以通过改变 x 和 y 坐标值来决定该对话框在屏幕中出现的位置。具体实现如下：

```
r=InputBox("请输入圆的半径:","求圆的面积",,200,300)
```

注意：在 title 和 200 之间由两个逗号分开一个空格，代表 default 参数使用默认值。下面将 InputBox 函数的 default 参数的值设置为 3。

```
key="3"
r=InputBox("请输入圆的半径:","求圆的面积",key,200,300)
```

提示：字符串表达式在消息框中若要多行显示，则要在每行行末加上回车 Chr(13) 和换行 Chr(10)，或者是 vbCrLf 符号常量。

2. TextBox 控件

在一般的程序设计中，若要在窗体上由键盘输入一些数据，就需要在输入处前面加上一些提示信息，这样用户才能知道要输入什么格式的数据。在窗体上有提示信息的地方使用 Label 控件,在输入数据处使用 TextBox 控件,这种方法比 InputBox 麻烦,但可以在一个界面上输入多个数据。TextBox 还可以用来输出数据,对于输出数据的格式可以用 Format 函数来格式化。

【例 4.3】 输入矩形的长和宽,求矩形的面积。程序的运行界面如图 4-4 所示。

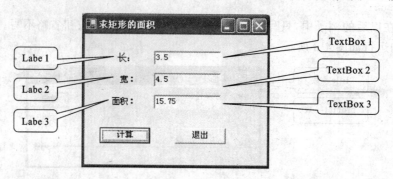

图 4-4　例 4.3 的运行界面图

程序如下:

```
Dim a,b,s As Double
a=TextBox1.Text
b=TextBox2.Text
s=a*b
TextBox3.Text=s
```

3. MsgBox 函数

MsgBox 函数的作用是打开一个消息框,等待用户选择一个按钮,并返回所选按钮的整数值;若不使用返回值,则可作为一个独立的语句。常用的方法有如下两种。

(1) 无返回值。此时只用来显示信息。

语法如下:

```
MsgBox((prompt,[buttons],[title])
```

MsgBox 函数的语法具有以下几个参数,如表 4-2 所示。

表 4-2　MsgBox 函数的参数表

参数	含　　义
prompt	提示信息。 必需项。字符串表达式,作为显示在对话框中的消息。prompt 的最大长度大约为 1024 个字符。如果 prompt 的内容超过一行,则可以在每一行之间用回车符(Chr(13))、换行符(Chr(10))或者回车与换行符的组合(Chr(13)＄Chr(10))将各行分隔开来
buttons	按钮类型。 可选项。数值表达式,指定显示按钮的数目及形式,使用的图标样式,默认的按钮是什么以及消息框的强制回应等。如果省略,则 buttons 默认值为 0,具体的设置功能见表 4-3
title	对话框的标题。 可选项。在对话框标题栏中显示的字符串表达式。如果省略 title,则将应用程序名放在标题栏中

表 4-3　MsgBox 函数的 buttons 参数设置

枚举值	按钮值	描　　述
OkOnly	0	只显示"确定"按钮
OkCancel	1	显示"确定"、"取消"按钮
AboutRetryignore	2	显示"终止"、"重试"和"忽略"按钮
YesNoCancel	3	显示"是"、"否"和"取消"按钮
YesNo	4	显示"是"、"否"按钮
RetryCancel	5	显示"重试"、"取消"按钮

其他更详细的设置请查阅相关的参考书或联机帮助。

【例 4.4】　输入一个数,求其绝对值。

```
Dim x,y As Double
x=InputBox("请输入一个数值:","求绝对值")
y=Abs(x)
MsgBox ("输入的数为"+Str(x)+Chr(13)+Chr(10)+ _
        "其绝对值为"+Str(y),0,"求绝对值")
```

说明:

本例中的 MsgBox 函数只是用来显示一些信息,用户单击某个按钮后,消息框关闭。此时系统没有记忆用户单击的是什么按钮。在某些情况下,系统(或者程序)需要根据用户单击的按钮来做进一步的动作,这就需要 MsgBox 函数的返回值。

(2) 有返回值。此时不但用来显示信息,同时,还可以返回用户单击按钮的对应值。

语法如下:

变量名＝MsgBox(prompt,[buttons],[title])

此时,MsgBox 函数的参数含义与上面讲过的一样,下面就函数的返回值加以说明。

用户单击不同的按钮时,系统会返回不同的值,具体的对应关系如表 4-4 所示。

表 4-4　MsgBox 函数返回所选按钮对应的整数值

常数	数值	含义
OK	1	确定
Cancel	2	取消
Abort	3	终止
Retry	4	重试
Ignore	5	忽略
Yes	6	是
NO	7	否

【例 4.5】　测试 MsgBox 函数的返回值。

```
Dim i As Integer
i=MsgBox("请单击任意一个按钮!",2,"测试 MsgBox 函数的返回值")
TextBox1.Text=i
```

用类似的方法可以测试其他按钮对应的返回值。

4. Label

Label 控件用来在窗体中显示文本,其中的文本是只读的,用户不能直接修改。Label 控件在窗体中既可以起到一个静态的标识作用,也可以用来动态地显示文本。在 Label 中实际显示的文本是由 Label 控件的 Text 属性控制的,该属性可以在设计窗体时在"属性窗口"中设置,也可以在程序中用代码赋值。例如:

```
Label1.Text="这是一个标签"
```

【例 4.6】 已知任意三角形的面积公式为 area $= \sqrt{s(s-a)(s-b)(s-c)}$,其中 $s = \dfrac{a+b+c}{2}$,a、b 和 c 为 3 条边的长度。现输入 3 个边,求三角形的面积。

说明:在输入时,保证 3 条边的边长合法(两边之和大于第三边,能构成三角形)。

程序如下:

```
Dim a,b,c,s,area As Double
a=TextBox1.Text
b=TextBox2.Text
c=TextBox3.Text
s=(a+b+c)/2
area=Sqrt(s*(s-a)*(s-b)*(s-c))
Label4.Text="三角形的面积为:"+Format(area,
"##.##")
```

图 4-5　例 4.6 的运行结果

程序的运行结果如图 4-5 所示。

4.2　选择结构

用顺序结构编写的程序比较简单,只能进行一些简单的运算,所以处理的问题也很有限。在实际应用中,有许多问题都需要根据某些条件来控制程序的转移,这就需要选择结构。当满足条件时,就执行某一语句块,反之则执行另一语句块。

4.2.1　If 语句

If 语句有下列 3 种使用形式。

1. 单分支结构(If…Then 语句)

单分支结构执行时,若表达式的值为 True,则执行 Then 与 End If 之间的语句块;否则,不做任何动作。其流程如 4-6 所示。

单分支结构的使用方法可以分以下两种。

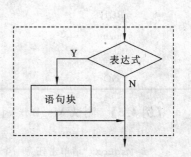

图 4-6　单分支结构

（1）语法如下：

If 表达式 Then

　　语句块

End If

其中表达式一般为关系表达式、逻辑表达式，也可以是算术表达式。若是算术表达式，则按非 0 为 True，0 为 False 进行判断。语句块可以是一个语句或多个语句。

该语句的功能：当"表达式"的值为 True 时，执行"语句块"；当"表达式"的值为 False 时，不执行动作。

【例 4.7】　输入两个数 a 和 b，比较它们的大小，把大数存入 a，把小数存入 b（即 a＞b）。

```
Dim a,b,t As Integer
a=InputBox("请输入 a 的值:","比较大小")
b=InputBox("请输入 b 的值:","比较大小")
If(a<b)Then
    t=a           '这 3 个语句表示把变量 a 和 b 中的数据互换
    a=b
    b=t
End If
TextBox1.Text=a
TextBox2.Text=b
```

注意：把两个变量（假设为 a,b）的值互换，不能写为：

```
a=b
b=a
```

这样写的结果是两个变量的值都为原来 b 的值。

【例 4.8】　如果购物金额超出 1 万元，那么超出 1 万元的部分打九折，并将实际金额显示在屏幕上。

```
Dim money As Double
money=TextBox1.Text
If money>10000 Then
    money=10000+(money-10000)*0.9
End If
TextBox2.Text=money
```

（2）语法为：整个语句写在一行上（也称单行 If 语句）。

If 表达式 Then 语句

说明：此时，Then 后面只能跟一个语句。若为多个语句，则必须用冒号来分隔语句，且写在一行上。

【例 4.9】　用单行 If 语句实现例 4.6。

```
Dim a,b,t As Integer
a=InputBox("请输入 a 的值:","比较大小")
b=InputBox("请输入 b 的值:","比较大小")
If(a<b)Then t=a:a=b:b=t
```

```
TextBox1.Text=a
TextBox2.Text=b
```

2. 双分支结构（If…Then…Else…语句）

语法如下：

```
If 表达式 Then
    语句块 1
Else
    语句块 2
End If
```

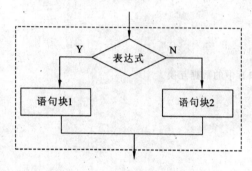

图 4-7　双向条件分支结构

其中,表达式、语句块 1 和语句块 2 与前面单分支结构语法中的表达式、语句块相同。

语句的功能:如果表达式的值为 True,则执行紧接在 Then 后面的语句块 1,否则执行紧接在 Else 后面的语句块 2。流程如图 4-7 所示。

【例 4.10】 求一元二次方程 $ax^2 + bx + c = 0$ 的实根(不考虑虚根)。

说明:下面程序运行后,在输入 a,b,c 时,确保代码中 $b*b-4*a*c$ 的值大于 0;否则出错。

```
Dim a,b,c,delt,x1,x2 As Double
    a=TextBox1.Text
    b=TextBox2.Text
    c=TextBox3.Text
    delt=b*b-4*a*c
    If delt>0 Then
        x1=(-b+Sqrt(delt))/(2*a)
        x2=(-b-Sqrt(delt))/(2*a)
    Else
        x1=-b/(2*a)
        x2=x1
    End If
    TextBox4.Text=Format(x1,"#.###")
    TextBox5.Text=Format(x2,"#.###")
```

【例 4.11】 计算分段函数 $y = \begin{cases} \mathrm{Sin}x + 3x, & x \geqslant 0 \\ 2x^2 - 13, & x < 0 \end{cases}$ 的值。

注意:在这个例子中,省去了输入和输出,重点在于计算。另外,在 VB. NET 中,所有三角函数的参数的单位是弧度,而不是角度。

方法 1：利用双分支结构。

```
If x>=0 Then
      y=Sin(x)+3*x
Else
      y=2*x*x-13
End If
```

方法 2：利用单分支结构。

```
y=Sin(x)+3*x              '即先假定 x>=0
If x<0 Then               '再判断 x 是否小于 0。若小于,就计算对应的 y 值
      y=2*x*x-13
End If
```

3. 多分支结构（If…Then…Elself…语句）

双分支结构只能根据表达式的值决定处理两个分支中的一个。当要处理的问题有多个条件时,就要用到多分支结构（或者是 If 语句的嵌套）。

语法如下：

```
If 表达式 1 Then
    语句块 1
ElseIf 表达式 2 Then
    语句块 2
  [Else
        语句块 n+1]
End If
```

此语句中的表达式和语句块与前面的 If 语句中的一样。

该语句的功能是根据不同的表达式的值确定执行哪个语句块。测试条件的顺序为表达式 1,表达式 2,……一旦遇到表达式的值为 True,则执行该条件下的语句块,然后退出此语句;若表达式的值都为 False,则执行语句块 n+1。流程如图 4-8 所示。

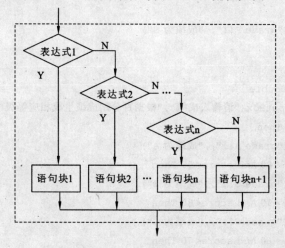

图 4-8　双向条件分支结构

【例 4.12】 求函数 $y=\begin{cases}1, & x>0 \\ 0, & x=0 \\ -1, & x<0\end{cases}$ 的值。

代码如下：

```
Dim x,y As Integer
x=InputBox("输入 x 的值:","符号函数")
If x>0 Then
    y=1
ElseIf x=0 Then
    y=0
Else
    y=-1
End If
```

【例 4.13】 根据成绩(百分制,0~100),求出相应的等级(A,B,C,D,E)。其中：90~100分为 grade A;80~89 分为 grade B;70~79 分为 grade C;60~69 分为 grade D;0~50分为 grade E。

方法 1：

```
Dim score As Double
score=Val(InputBox("请输入成绩","根据百分制成绩生成相应等级"))
If score>=90 Then
    MsgBox("grade A!!",,"成绩为 A")
ElseIf score>=80 Then
    MsgBox("grade B!!",,"成绩为 B")
ElseIf score>=70 Then
    MsgBox("grade C!!",,"成绩为 C")
ElseIf score>=60 Then
    MsgBox("grade D!!",,"成绩为 D")
Else
    MsgBox("grade E!!",,"成绩为 E")
End If
```

方法 2：

```
Dim score As Double
score=Val(InputBox("请输入成绩","根据百分制成绩生成相应等级"))
If score>=90 Then
    MsgBox("grade A!!",,"成绩为 A")
ElseIf score>=80 And score<90 Then
    MsgBox("grade B!!",,"成绩为 B")
ElseIf score>=70 And score<80 Then
    MsgBox("grade C!!",,"成绩为 C")
ElseIf score>=60 And score<70 Then
    MsgBox("grade D!!",,"成绩为 D")
```

```
    Else
        MsgBox("grade E!!",,"成绩为 E")
    End If
```

这种方法的条件表达式比较繁琐,是否可以替换成方法 1 中的表示方法,为什么?

方法 3:用顺序结构的多个单分支 If 语句实现。

```
    If score>=90 Then MsgBox("grade A!!",,"成绩为 A")
    If score>=80 And score<90 Then   MsgBox("grade B!!",,"成绩为 B")
    If score>=70 And score<80 Then   MsgBox("grade C!!",,"成绩为 C")
    If score>=60 And score<70 Then   MsgBox("grade D!!",,"成绩为 D")
    If score<60 Then                 MsgBox("grade E!!",,"成绩为 E")
```

【例 4.14】　求一元二次方程 $ax^2+bx+c=0$ 的根(考虑虚根)。

任务描述:

输入一元二次方程的系数 a,b,c,求解一元二次方程的根,包含虚根。

任务分析:

虽然在 VB. NET 中没有表示复数的方法,但可以把一个复数看成两部分:实部和虚部(即 a+bi 的形式),其中的 a,b 当成实数看待。因此编写代码时,定义两个变量 sb,xb 分别表示 a 和 b,然后把 sb 和 xb 通过字符串的连接运算形成一个复数的形式。

任务实现:

```
    Dim a,b,c,delt,x1,x2,sb,xb As Double
    a=TextBox1.Text
    b=TextBox2.Text
    c=TextBox3.Text
    delt=b*b-4*a*c
    If delt>0 Then
        x1=(-b+Sqrt(delt))/(2*a)
        x2=(-b-Sqrt(delt))/(2*a)
        TextBox4.Text=Format(x1,"#.###")
        TextBox5.Text=Format(x2,"#.###")
    ElseIf delt=0 Then
        x1=-b/(2*a)
        x2=x1
        TextBox4.Text=Format(x1,"#.###")
        TextBox5.Text=Format(x2,"#.###")
    Else
        sb=-b/(2*a)
        xb=Math.Sqrt(-delt)/(2*a)
        TextBox4.Text=Format(sb,"#.###")+"+"+Format(xb,"#.###")+"i"
        TextBox5.Text=Format(sb,"#.###")+"-"+Format(xb,"#.###")+"i"
    End If
```

此时的显示分 3 种情况(看起来比较重复),而不能合在一起。这是因为实根和虚根的表示方法不一样。若把实根也看成字符串的形式,则可以在程序的最后一起显示。程序如下：

```
Dim a,b,c,delt,sb,xb As Double
Dim x1,x2 As String
a=TextBox1.Text
b=TextBox2.Text
c=TextBox3.Text
delt=b*b-4*a*c
If delt>0 Then
    x1=Format((-b+Sqrt(delt))/(2*a),"#.###")
    x2=Format((-b-Sqrt(delt))/(2*a),"#.###")
ElseIf delt=0 Then
    x1=Format(-b/(2*a),"#.###")
    x2=x1
Else
    sb=-b/(2*a)
    xb=Math.Sqrt(-delt)/(2*a)
    x1=Format(sb,"#.###")+"+"+Format(xb,"#.###")+"i"
    x2=Format(sb,"#.###")+"-"+Format(xb,"#.###")+"i"
End If
TextBox4.Text=x1

TextBox5.Text=x2
```

4. If 语句的嵌套

If 语句的嵌套是指 If 或 Else 后面的语句块中又包含 If 语句,其语法结构如下：

```
If 表达式 1 Then
   [If 表达式 11 Then
    语句块
    End If]
Else
   [If 表达式 21 Then
    语句块
    End If]
End If
```

【例 4.15】 求函数 $y=\begin{cases} x, & x>0 \\ 0, & x=0 \\ -1, & x<0 \end{cases}$ 的值。

方法 1：

```
If x>=0 Then
    If x>0 Then
        y=1
```

```
            Else
                y=0
            End If
        Else
            y=-1
        End If
```

方法 2：

```
    If x>0 Then
            y=1
        Else
            If x=0 Then
                y=0
            Else
                y=-1
            End If
    End If
```

方法 3：

```
    y=-1
    If x>=0 Then
            If x>0 Then
                y=1
            Else
                y=0
            End If
    End If
```

此题还有其他几种写法，请读者写出，并理解嵌套的用法。

前面讲的多分支结构中的例子都可以用嵌套结构实现，请读者实现。

说明：

（1）对于嵌套结构，为了增强程序的可读性，书写时应保证同一层次的 If…Else…End If 要写在同一列上（采用缩进的格式）。

（2）某个 If 语句块若不在同一行上书写，必须有相应的 End If 配对。

（3）If 与 End If 的配对规则：End If 与它前面最近的且未配对的 If 来配对。

例如：If 与 End If 的配对（下行没有按缩进格式写，目的在于练习 If 与 End If 的配对）。

If…If…Else…If…If…End If…If…Else…If…End If…End If…End If…End If…End If
① ② 　② ③④ 　④ 　⑤ ⑤ 　⑥ 　⑥ 　⑤ 　③ 　② 　①

上行中的数字表示相应配对的 If…End If。

【例 4.16】　编写程序，判断某一年份（year）是否为闰年。

分析：判断闰年条件是能被 4 整除但不能被 100 整除的年份；或者能被 400 整除的年份。

方法 1，利用 If 的嵌套，代码如下：

```
    Dim year As Integer
    Dim leap As Boolean              '标识 year 是否为闰年。True 时,year 为闰年;否则不是
    year=TextBox1.Text
    If year Mod 4=0 Then
        If year Mod 100=0 Then
            If year Mod 400=0 Then
                leap=True
            Else
                leap=False
            End If
        Else
            leap=True
        End If
    Else
        leap=False
    End If
    If leap Then
        MsgBox("是闰年!",,"判断闰年")
    Else
        MsgBox("不是闰年!",,"判断闰年")
    End If
```

方法 2,上面的程序段可以用一个单层的 If 语句来实现：

```
    If(year Mod 4=0 And year Mod 100<>0)Or(year Mod 400=0)Then
        MsgBox("是闰年!",,"判断闰年")
    Else
        MsgBox("不是闰年!",,"判断闰年")
    End If
```

4.2.2　Select Case 语句

　　Select Case 语句又称情况语句,是多分支结构的另一种表达形式。该语句的语法如下：

```
    Select Case 测试表达式
        Case 表达式列表 1
            语句块 1
        Case 表达式列表 2
            语句块 2
            M
        [Case Else
            语句块 n+1]

    End Select
```

　　语句的功能是根据测试变量和表达式列表的值,从多个语句块中选择符合条件的一
个语句块执行。

　　多向选择语句执行流程如下:Select Case 语句在结构的开始处理测试表达式,而且只计
算一次。然后,将表达式的值与结构中的每个 Case 的值进行比较。如果相等,就执行与该
Case 相关联的语句块,然后退出此结构;若都不相等,则执行 Case Else 后的语句块。

　　说明:

　　(1) 测试表达式只能是数值表达式或字符串表达式,不能是逻辑表达式。

　　(2) 每个语句块是由一行或多个 VB. NET 语句组成的。

　　(3) 表达式与测试表达式的类型必须相同。如果在一个列表中有多个值,就用逗号
把值隔开。表达式有 4 种形式。

　　① 一个表达式。如:

```
Case 6
```

　　② 一组枚举表达式,即多个表达式,表达式之间用逗号隔开,例如:

```
Case 1,3,5,7
Case"i","you","then"
```

　　③ 表达式 1 TO 表达式 2。该形式指定某个数值范围。较小的数值放在前面,较大
的数值放在后面;字符串常量则按字符的编码顺序从低到高排列;例如:

```
Case 1 to 10
Case"a" to"e"
```

　　④ is 关系运算符表达式。例如:

```
Case is>=60
Case is<>"This"
```

　　另外,在一个情况语句中,上述 4 种形式可以混合使用。

　　(4) 当有多个 Case 后的表达式的取值范围和测试表达式的值域相符时,只执行符合
要求的第一个 Case 子句后的语句块。

　　【例 4.17】　利用 Select Case 语句实现例 4.12 的功能。

```
Dim score As Double
score=Val(InputBox("请输入成绩","根据百分制成绩生成相应等级"))
Select Case Int(score/10)
    Case 0 To 5
        MsgBox("grade E!!",,"成绩为 E")
    Case 6
        MsgBox("grade D!!",,"成绩为 D")
    Case 7
        MsgBox("grade C!!",,"成绩为 C")
    Case 8
        MsgBox("grade B!!",,"成绩为 B")
    Case 9,10
        MsgBox("grade A!!",,"成绩为 A")

End Select
```

4.2.3　条件函数

VB. NET 中提供的条件函数有：IIF 函数和 Choose，前者可代替 If 语句，后者可代替 Select Case 语句，均适用于简单条件的判断场所。

1. IIF 函数

IIF 函数的形式是：

IIF 函数（表达式，当表达式值为 True 时的值，当表达式值为 False 时的值）

作用：IIF 函数是 If　then　else 选择结构的简单表示。

例如，求 x,y 中值大的数，存入变量 Tmax 中，语句如下：

```
Tmax=IIF(x>y,x,y)
```

2. Choose 函数

Choose 函数形式是：

Choose（整数表达式，选项列表）

作用：Choose 根据整数表达式的值来决定返回选项列表中的某个值。如果整数表达式值是 1，则 Choose 会返回列表中的第一个选项。如果整数表达式值是 2，则 Choose 会返回列表中的第二个选项，依次类推。

例如，根据 Nop 是 1～4 的值，依次转换成＋、－、×、÷运算符的语句如下：

```
Nop=int(Rnd* 4+1)

op=choose(Nop,"+ "、"-"、"×"、"÷")
```

当 Nop 值为 1 时，函数返回字符"＋"，存入变量 op 中。

4.2.4　选择控件

当程序运行中，需要用户在界面上作出选择时，可以使用单选按钮或复选框；当有多组单选按钮或复选框时，可使用分组控件对它们分组。本节主要解释这些控件的使用。

1. 单选按钮（RadioButton）

窗体上要显示一组互相排斥的选项，以便让用户选择其中一个时，可使用单选按钮。例如考试时的单选题有 A,B,C,D 4 项，考生只能选择其中一项。

（1）主要属性。

单选按钮的主要属性有 Text 和 Checked。Text 属性的值是单选按钮上显示的文本。Checked 属性为 Boolean，表示单选按钮的状态：

⊙True，被选定；○False，未被选定，默认值。

（2）主要事件。

单选按钮的主要事件有 Click 和 CheckedChanged 事件。当用户按某按钮后，该按钮触发 Click 事件；当某个单选按钮的状态（Checked 属性）发生变化，也触发其 CheckedChanged 事件。

2. 复选框（CheckBox）

窗体上显示一组选项，允许用户选择其中一个或多个时，可使用复选框。这类似于考试时的多选题。

（1）主要属性。

复选框的主要属性除了与单选按钮相同的 Text、Checked 外，还增加了 CheckState 属性，表示复选框的 3 种状态：

☐　Unchecked，未被选定，默认值；☑ Checked，被选定；

▨　Indeterminate，无效。

（2）主要事件。

与单选按钮一样，复选框也有 Click 和 CheckedChanged 事件。

3. 分组（GroupBox）

单选按钮的一个特点是当选定其中的一个时，其余会自动处于未被选定状态。当需要在同一个窗体中建立几组相互独立的单选按钮时，就需要用分组控件将每一组单选按钮框起来。这样，在一个分组内的单选按钮为一组，对它们的操作不会影响该组以外的单选按钮。另外，对于其他类型的控件用分组控件，可提供视觉上的区分和总体的激活或屏蔽特性。

当移动、复制、删除分组控件时，或对该控件进行 Enabled、Visible 属性设置时，也同样作用于该组内的其他控件。

（1）分组控件的操作。

创建：在窗体上先建立分组控件，然后将各控件放置其中。

移动：首先选中分组控件，显示标记✛，参见图 4-9，拖动✛到所需位置即可。删除和复制操作类似。

（2）分组控件的主要属性和事件。

最主要属性是 Text，其值是分组边框上的标题文本。若 Text 属性为空字符串，则为封闭的矩形框。

分组控件可以响应 Click 和 DoubleClick 事件，但一般不编写事件过程。

图 4-9　选中分组控件

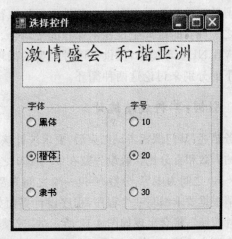

图 4-10　例 4.18 运行界面

【例 4.18】 通过单选按钮和分组控件设置文本框的 Font 属性。

界面设计如图 4-10 所示,窗体上 1 个文本框、2 个分组控件和 6 个单选按钮,单选按钮从左到右、从上到下用 RadioButton 1～RadioButton 6 表示。当用户单击任意一个单选按钮,文本框 TextBox 1 的 Font 属性相应变化。程序代码如下:

```
Sub RadioButton1_Click(...)Handles RadioButton1.Click
    TextBox1.Font=New Font("黑体",TextBox1.Font.Size)
End Sub
Sub RadioButton2 _Click(...)Handles RadioButton2.Click
    TextBox1.Font=New Font("楷体",TextBox1.Font.Size)
End Sub

Sub RadioButton3 _Click(...)Handles RadioButton3.Click
    TextBox1.Font=New Font("隶体",TextBox1.Font.Size)
End Sub

Sub RadioButton4 _Click(...)Handles RadioButton4.Click
    TextBox1.Font=New Font(TextBox1.Font.Name,10)
End Sub

Sub RadioButton5 _Click(...)Handles RadioButton5.Click
    TextBox1.Font=New Font(TextBox1.Font.Name,20)
End Sub
Sub RadioButton6 _Click(...)Handles RadioButton6.Click
    TextBox1.Font=New Font(TextBox1.Font.Name,30)
End Sub
```

4.3　循环结构

所谓循环结构就是根据某一条件重复地执行某些操作(程序段)。这是计算机最擅长的功能之一,例如,统计全校各个课程的平均分、总分等。

在 VB. NET 环境中,提供了两种类型的循环语句:计数型循环 For 循环;条件型循环语句。下面分别来讨论这两种循环。

4.3.1　引例:单科成绩统计

任务描述:某门课程考试结束后,要求统计该门课程的最高成绩、最低成绩、平均成绩及各等级的人数和百分比。假设分数在 90～100 之间为优秀,分数在 80～90 之间为良好,分数在 70～80 之间为中等,分数在 60～70 之间为及格,分数在 50 以下为不及格,学生的人数未知。请根据要求编写一个程序,程序设计界面如图 4-11 所示。程序运行时单击"输入成绩并统计按钮",将会出现如图 4-12 所示的"成绩输入"对话框供用户输入一个个成绩。当用户输入所有成绩后,将按要求进行统计,如图 4-13 所示就是某门课程的成绩统计情况。

图 4-11　设计界面图　　　　　　　　图 4-12　"成绩输入"对话框

任务分析：

本程序的实现有以下几个难点需要解决。

(1) 成绩输入结束的判断。由于要输入多个人的成绩（人数未定），应通过一个循环来处理。由于成绩不可能小于 0，所以规定当所有成绩输入完毕后输入一个 -1，这样就可把循环条件设为"成绩 >= 0"。

(2) 最高成绩的求得。可用一个变量 max 来记录最高成绩，首先用它记下第一个人的成绩，然后在循环中每输入一个人的成绩，均用该变量与输入的成绩相比较。若输入的成绩比该变量的值大，则用该变量记下输入的成绩值。当所有的成绩输入完毕后，此时 max 变量的值就是最高成绩。同理，可计算出最低成绩。

(3) 各档次人数的确定。每个档次的人数均用一个变量来表示，总人数也用一个变量表示。开始时把这些变量的值初始化为 0。每输入一个成绩，用多分支的方法判断该成绩属于那个等级，把相应等级的人数加 1，总人数也要加 1。当所有的成绩均输入完毕后，各等级的人数及总人数也就得到了。

任务实现：

(1) 创建项目、添加控件、设置属性。

(2) 事件过程代码如下，运行界面如图 4-13 所示。

```
Private Sub Button1_Click(...)Handles Button1.Click
    Dim ars,brs,crs,drs,ers,zrs As Integer        '定义存放各等级人数的变量
    Dim dj As Integer            '该变量用来存放成绩整出 10 后的整数部分
    Dim max,min,cj,zcj As Single    '定义存放最高分、最低分、成绩和总成绩的变量
     ars=0:brs=0:crs=0:drs=0:ers=0:zrs=0
    zcj=0                                          '各成绩初始化为 0
```

```
cj=InputBox("请输入一个人成绩,"+Chr(110)+Chr(13)+"以-1结束学生成绩的输入", _
"成绩的输入",60)
txtscore.Text=txtscore.Text+CStr(cj)
max=cj:min=cj                    '认为该成绩就是最高成绩和最低成绩
While cj>0                       '如果是一个有效的成绩
    zcj=zcj+cj                   '总成绩累加
    zrs=zrs+1                    '总人数加 1
    If max<cj Then max=cj        '求最高成绩
    If min>cj Then min=cj        '求最低成绩
    dj=cj/10
    Select Case dj
        Case 9 To 10
            ars=ars+1            '优秀人数累加
        Case 8
            brs=brs+1            '良好人数累加
        Case 7
            crs=crs+1            '中等人数累加
        Case 6
            drs=drs+1            '及格人数累加
    Case Else
            ers=ers+1            '不及格人数累加
    End Select
    cj=InputBox("请输入一个人成绩,"+Chr(110)+Chr(13)+"以-1结束学生成绩的输入",
    "成绩的输入",60)              '输入下一个成绩
    txtscore.Text=txtscore.Text+","+CStr(cj)        '显示输入的成绩
End While
    txtavg.Text=CStr(Int(zcj/zrs*100+0.5)/100)      '显示平均成绩
    txtmax.Text=CStr(max)        '显示最高成绩
    txtmin.Text=CStr(min)        '显示最低成绩
    txtanum.Text=CStr(ars)       '显示优秀的人数
    txtarate.Text=CStr(Int(ars/zrs*1000+0.5)/10)+"%"    '显示优秀人数的百分比
    txtbnum.Text=CStr(brs)
    txtbrate.Text=CStr(Int(brs/zrs*1000+0.5)/10)+"%"
    txtcnum.Text=CStr(crs)
    txtcrate.Text=CStr(Int(crs/zrs*1000+0.5)/10)+"%"
    txtdnum.Text=CStr(drs)
    txtdrate.Text=CStr(Int(drs/zrs*1000+0.5)/10)+"%"
    txtenum.Text=CStr(ers)
    txterate.Text=CStr(Int(ers/zrs*1000+0.5)/10)+"%"
End Sub
```

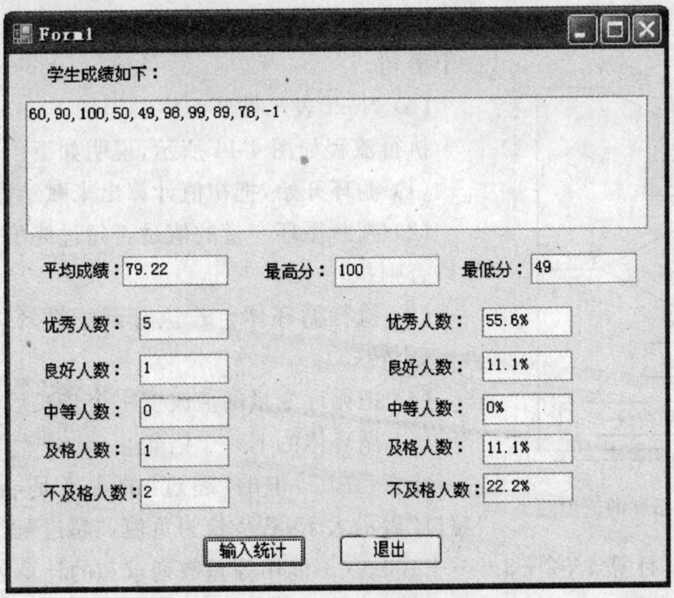

图 4-13　运行界面

利用循环结构解决重复计算的问题，在 VB. NET 中有两类语句来实现，一类是 For…Next语句，常用于已知循环次数的场合；另一类是 Do…Loop 语句，常用于未知循环次数场合。

4.3.2　For…Next 循环语句

For…Next 循环语句以指定的次数重复执行一组语句。主要用在事先能计算出循环次数的情况下。其语法结果如下：

```
For 循环控制变量=初值 To 终值[Step 步长]
    语句块
[Exit For]
    语句块
Next[循环控制变量]
```

说明：

（1）循环控制变量（简称循环变量）是一个数值型的变量。

（2）初值和终值分别表示循环控制变量的起始值和终止值。初值可以小于等于终值，也可以大于等于终值。

（3）步长。步长表示每次循环时，循环控制变量的变化量。步长可以说是正数，也可以是负数。若省略不写，默认值为 1。步长不能为 0。初值、终值和步长可以计算循环体的循环次数，公式如下：

$$循环次数＝Int((终值－初值)/步长)＋1$$

若计算结果≤0，则循环体一次也不执行。

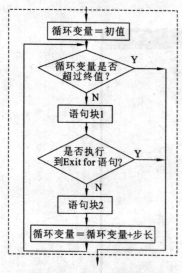

图 4-14　For 循环的流程图

（4）For 和 Next 之间的语句块称为循环体。

（5）循环体中的 Exit For 表示提前退出循环，执行下一个语句。

（6）Next 表示循环的终端语句。

执行流程如图 4-14 所示，说明如下。

（1）循环开始，把初值计算出来赋给循环变量。

（2）判断循环变量的值是否超过终值。若超过，则转（5）；否则执行（3）。

（3）执行循环体。若执行到了循环体中的 Exit for 语句，则转（5）。

（4）把循环变量的值改变一个步长后转（2）。

（5）循环体的下一个语句。

注意：在（2）中的"超过"的含义是，若步长为正值，"超过"表示大于；若步长为负值，"超过"表示小于。

【例 4.19】　计算 $1+2+3+\cdots+100$。（不能用等差数列求和的计算公式）

```
Dim i,s As Integer
s=0              '在计算累加和时,存放和的变量的初值为 0
For i=1 To 100
    s=s+i
Next

MsgBox("1+2+3+...+100 的和为:"+Str(s),,"求和")
```

【例 4.20】　计算 n!，要求 n 从键盘输入。

分析：由于 n! 值比较大，很容易超过 Integer 表示的范围，所以为了存放 n!，变量的类型要用范围比较大的那种（例如：Long,Double）。另外，在加入 n 时，n 不要太大。

```
Dim i,n As Integer
Dim s As Double
s=1              '在计算累乘积时,存放积的变量的初值为 1
n=InputBox("请输入一个数值 n:","求阶乘")
For i=1 To n
    s=s*i
Next

MsgBox("n! 为:"+Str(s),,"求阶乘")
```

说明：

（1）若把 s 的类型改为 Integer，则程序很容易（但不是一定）出错。

（2）本例中 s 的初值赋值为 1，而例 4.18 中 s 的初值赋值为 0。

（3）当退出循环时，循环控制变量的值保存的是退出时的值。在例 4.18 中，退出循环时，i 的值为 101，在本例中，退出循环时，i 的值为 n+1。请计算以下两个循环结束时，循环控制变量 i 的值。

循环 1：

```
For i=2 to 20 Step 5
    语句块

    Next
```

循环 2：

```
For i=20 to 2 Step-5
    语句块

    Next
```

【例 4.21】　求和 $s=\dfrac{2}{1}\times\dfrac{2}{3}+\dfrac{4}{3}\times\dfrac{4}{5}+\cdots+\dfrac{2n}{2n-1}\times\dfrac{2n}{2n+1}$，直到 $n=100$ 为止。

分析：在求和时，找出循环变量与每一次求和时的加数之间的关系。此例中的关系在 VB.NET 中表示为 $(2i*2i)/((2i-1)*(2i+1))$，其中 i 为项数。

```
Dim i As Integer
Dim s As Double
s=0
For i=1 To 100
    s=s+(2*i*2*i)/((2*i-1)*(2*i+1))
Next

MsgBox("和为"+Format(s,"#.##")),,"求和")
```

【例 4.22】　求 100～999 之间的所有"水仙花数"。

任务分析：水仙花数的含义是一个数的每个数位的立方和等于该数，例如 $153=1^3+5^3+3^3$。对于某一个数来说，先把这个数拆开成单个的数字，然后再判断它们的立方和是否等于本身。

任务实现：

```
Dim bw,gw,sw,i As Integer
Dim str1 As String
str1=""
For i=100 To 999
    bw=i\100
    sw=(i Mod 100)\10
    gw=i Mod 10
    If bw^3+sw^3+gw^3=i Then
        str1=str1+Str(i)+vbCrLf
    End If
Next

MsgBox("结果为"+vbCrLf+ str1,,"求水仙花数")
```

4.3.3 While…End While 循环

此循环也称"当型循环"，表示当条件成立时，重复执行某个动作。语法如下：

```
While 条件表达式
    语句块
End While
```

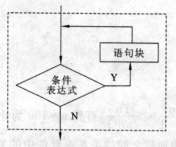

图 4-15　While…End While 循环流程图

其中，条件表达式表示循环要满足的条件。若表达式的值为 True，则执行语句块。语句块即循环体。

执行的流程如图 4-15 所示。说明如下。

(1) 计算条件表达式的值，如果条件为真，就执行(2)；否则转(3)。

(2) 执行循环体，遇到 End While 时转(1)。

(3) 循环体的下一个语句。

可以看出，在此结构中没有隐式地改变循环条件表达式的值，也就是说，必须在循环体中显式的改变循环条件表达式的值。否则，此循环结构的循环体要么一次也不做，要么，无限制地循环下去(这时的循环，叫"死循环")，这一点，与 For 循环截然相反。

【例 4.23】　求最大公约数和最小公倍数。

任务描述：

输入两个整数 m 和 n，求出它们的最大公约数和最小公倍数。

任务分析：

辗转相除法求两个数 m,n 的最大值约数的方法如下。

(1) 求 m 除以 n 的除数 r，即 r＝m mod n。

(2) 若 r≠0，转(3)；若 r＝0，则此时的 n 就是最大公约数，转(4)。

(3) 把 n 的值给 m，把 r 的值给 n，即 m←n,n←r，转(1)。

(4) 循环结构的下一个语句。

求最小公倍数的方法为两个数的乘积除以它们的最大公约数。

任务实现：

```
Dim m,n,r,x,y,z As Integer
m=TextBox1.Text
n=TextBox2.Text
x=m
y=n                '保存最初两个数的值给 x 和 y,以备求最小公倍数时使用
r=m Mod n
While r<>0
    m=n
    n=r
    r=m Mod n
End While
```

```
z=x* y/n            '求最小公倍数
```

```
MsgBox("最大公约数为"+Str(n)+vbCrLf+"最小公倍数为"+Str(z),,_
    "求最大公约和最小公倍")
```

【例 4. 24】 判断一个数 n 是否为素数。

任务描述：

编写程序输入数据 n，判断其是否为素数。

任务分析：

根据素数的定义可知，一个数除了 1 和它本身以外，不能被其他数整除的数就是素数。可以推断，如果只要发现了 2～n-1 之间的一个整数能被 n 整除，则 n 就不是素数；否则，n 就是素数。

可以先假定一个标志变量 flag，其初值为 True，表示假定 n 是素数。然后把 2～n-1 的所有整数试一遍，只要发现某一个数能被 n 整除，就把标志变量 flag 的值赋值为 false，表示 n 不再是素数。循环结束后，根据 flag 的值来判断 n 是否素数，若 flag 的值为 True，则 n 是素数；否则 n 不是素数。

任务实现：

```
Dim n,i As Integer
Dim flag As Boolean
n=InputBox("请输入一个数值 n:","判断素数")
flag=True
i=2
While i<=n-1
    If n Mod i=0 Then
        flag=False
    End If
    i=i+1
End While
If flag Then
    MsgBox(Str(n)+"是素数!",,"判断素数")
Else
    MsgBox(Str(n)+"不是素数!",,"判断素数")
End If
```

根据数学中的知识，可以在上面代码中把循环条件中的 i<=n-1 改为 i<=Sqrt(n) 来提高效率。

【例 4. 25】 求式子的和，直到表达式的最后一项的值小于 0.0001。

$$S=\frac{1}{1\times 2}+\frac{1}{2\times 3}+\frac{1}{3\times 4}+\cdots+\frac{1}{n(n+1)}$$

代码如下：

```
Dim i As Integer
Dim s As Double
```

```
i=1
s=0
While 1/(i*(i+1))>=0.0001
    s=s+1/(i*(i+1))
    i=i+1
End While
s=s+1/(i*(i+1))       '退出循环时,小于0.0001的项没有加上去。因此,再加一次
MsgBox("结果为"+Str(s),,"求和")
```

在 While…End While 循环结构中,由于事先判断循环的条件,然后再决定是否执行循环体。若在第一次进入循环结构之前,条件不成立,那么循环体一次也不执行。

由于在 While…End While 循环结构中,没有类似于 For 循环句中的 Exit For 来提前结束循环的语句,所以有时用其他循环结构来代替此结构。

4.3.4　Do…Loop 语句

也称 Do 循环,用在循环次数未知的循环结构中,可分为 4 种。

1. Do While…Loop 循环结构

语句形式如下:

```
Do While 条件表达式
    语句块 1
    [Exit do]
    语句块 2


Loop
```

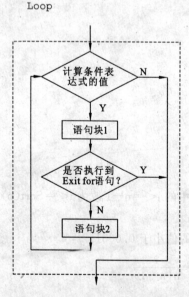

图 4-16　Do While…Loop 循环流程图

其中,Do While 与 Loop 之间的部分叫做循环体(包括语句块 1、Exit Do 和语句块 2)。

执行流程如 4-16 所示。

(1) 计算条件表达式的值。若为 True,转(2);否则转(3)。

(2) 执行循环体。在执行循环体的过程中,若执行到了 Exit Do 语句,则转(3);否则,在本次循环体执行完时(遇到 Loop)转(1)。

(3) 循环体的下一个语句。

这种结构也是先判断条件,然后决定是否执行循环体,用法与 While…End While 结构的用法的差别在于:这种结构中可以使用 Exit do 来提前结束循环。

【例 4.26】　判断一个数 n 是否为素数。

代码如下:

```
Dim n,i As Integer
Dim flag As Boolean
n=InputBox("请输入一个数值 n:","判断素数")
flag=True
i=2
Do While i<=Sqrt(n)
   If n Mod i=0 Then
        flag=False
        Exit Do
   End If
   i=i+1
Loop
```

2. Do…Loop While 循环结构

语句形式如下：

```
Do
     语句块 1
     [Exit Do]
     语句块 2
Loop While 条件
```

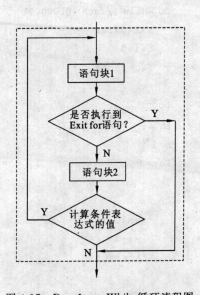

根据语句书写形式可以看出,此结构是先执行循环体,后进行条件的判断,以决定是否进行下一次循环。也就是说,这种循环的循环体至少执行一次。

流程图如图 4-17 所示。

执行流程如下：

（1）执行循环体。在执行循环体的过程中,若执行到了 Exit Do 语句,则转（3）；否则在本次循环体执行完时（遇到 Loop）转（2）。

图 4-17　Do…Loop While 循环流程图

（2）计算条件表达式的值。若为 True,转（1）；否则转（3）。

（3）循环体的下一个语句。

【例 4.27】　求自然对数 e 的近似值,要求其误差小于 0.000001（即求和公式的最后一项的值小于 0.000001）,近似公式为：

$$e=1+\frac{1}{1!}+\frac{1}{2!}+\frac{1}{3!}+\frac{1}{4!}+\cdots$$

分析：本例涉及两个重要的运算,一个是累加求和,另一个是求阶乘。

```
Dim i As Integer
Dim fac,s As Double
s=1
fac=1
i=0
Do
```

```
    i=i+1
    fac=fac*i            '求第 i 项分母的值,即 i!
    s=s+1/fac
Loop While 1/fac>=0.000001
```

```
    MsgBox("e 的值为"+Format(s,"#.######"),,"求 e 的值")
```

请读者阅读下面两种写法是否正确。

方法 1：

```
s=1
Fac=1
i=1
Do While 1/fac>=0.000001
    s=s+1/fac
    i=i+1
    fac=fac*i

Loop
```

方法 2：

```
s=1
Fac=1
i=1
Do
    s=s+1/fac
    i=i+1
    fac=fac*i


Loop While 1/fac>=0.000001
```

读者请分析错误的原因。

3. Do Until…Loop 循环语句

语句形式如下：

```
Do Until 条件表达式
    语句块 1
    [Exit do]
    语句块 2


Loop
```

此语句与 Do While…Loop 语句的功能的区别仅仅在于,若条件表达式的值为 False,就执行循环体;否则,退出循环。也就是说,用 Do While 与 Do Until 的条件刚好相反。

4. Do…Loop Until 循环语句

语句形式如下：

```
Do
语句块 1
    [Exit Do]
    语句块 2


Until 条件表达式
```

此语句与 Do…Loop While 语句的功能的区别仅仅在于,若条件表达式的值为 False,就执行循环体;否则,退出循环。使用的条件与 Do…Loop While 刚好相反。

4.3.5　循环的嵌套

在一个循环体内又包含了另一个循环结构的循环,称为循环的嵌套。前面讲的所有循环结构语句都可以互相包含(必须是完整的包含,而不能交叉)形成循环的嵌套。

【例 4.28】　求 $\frac{1}{1!}+\frac{1}{2!}+\frac{1}{3!}+\cdots+\frac{1}{10!}$ 的和。

分析:类似的例子在前面讲过,用的是单层循环,现在用双重循环实现。

通过前面讲的知识,也可以用一层循环写出该题的思想。

```
i=1
S=0
Do While i<=10
    求 i! 赋给 fac()
    s=s+1/fac
    i=i+1


Loop
```

但代码中的"求 i! 给 fac"语句计算机并不认识,必须把它转换为代码:

```
fac= 1
For j=1 To i
    fac=fac*j
Next
```

把这两段代码结合起来,就形成了循环的嵌套,代码如下:

```
Dim i,j As Integer
Dim s,fac As Double
i=1
s=0
Do While i<=10
    fac=1
    For j=1 To i
        fac=fac*j
    Next
    s=s+1/fac
    i=i+1

Loop
```

通过这个例子可以看出,在编写复杂的程序时,首先从整体的功能出发,编写程序的框架,然后对每一个小功能逐渐细化。

注意:在循环的嵌套结构中,内、外层循环的循环变量不能同名。

【例 4.29】 显示 1000 以内的所有素数(每行显示 5 个)。

分析:有关判断素数的方法,前面已经讲过。这里,可利用前面的方法判断素数并求其和。

程序的框架如下:

```
Dim str1 As String
Dim i,n As Integer          'i 的功能是用来统计素数的个数,够 5 个,就换行
Dim flag As Boolean
i=0
str1=""
For n=2 To 1000
        '判断 n 是不是素数(通过 flag 的值来标识)
    If flag Then
            str1=str1+n+"   "
            i=i+1
            If i Mod 5=0 Then
                  str1=str1+vbCrLf
            End If
    End If
Next

MsgBox(str1,,"素数为")
```

在此框架的基础上,把"判断 n 是不是素数"这段代码替换即可。在这里不详细写出,请读者完成。

为了提高程序的效率,可以用如下程序:

```
Dim i,j,n As Integer
Dim str1 As String
str1=""
i=0
For n=2 To 1000
    For j=2 To n-1
        If n Mod j=0 Then
            Exit For
        End If
    Next
    If n=j Then          '若 j 的值超过了 n-1(即=n),表示 n 是素数
        str1=str1+Str(n)+"   "
        i=i+1
        If i Mod 5=0 Then
```

```
                    str1=str1+vbCrLf
                End If
            End If
        Next


    MsgBox(str1,,"素数为")
```

说明：如果 Eixt For(或 Do)使用在嵌套的循环语句中,则 Eixt For(或 Do)会将控制权转移到 Eixt For(或 Do)所在位置的外层循环。也就是说,Eixt For(或 Do)语句只能退出当前层的循环,而不是所有的循环。

【例 4.30】 利用循环结构输出图形。

任务描述：

编写程序输出如下图形：

```
         *
        ***
       *****
      *******
     *********
```

任务分析：

为了便于输出,把这个图形看成是由多个行字符串连接起来的字符串。用双重循环实现。

(1) 外层循环控制行数(循环 5 次,每次产生一行字符)。

(2) 内层循环控制每一行的字符如何产生,又分为 3 步。

① 为了产生居中对齐的效果,要在每行字符前面加适当个数的空格。通过观察图形可知,空格数每行依次少一个;假定第一个行" $*$ "前面的空格数有 10 个,则每一行前面的空格数为 $11-i$。这可以用函数 Space($11-i$)或用循环实现。

```
    str1=""              '两个引号之间没有空格
    For i=1 To 11-i
        str1=str1+" "    '两个引号之间有一个空格

    Next
```

② 产生若干个" $*$ ":个数是 $2*i-1$,其中的 i 为行号。

③ 执行。

任务实现：

```
Dim i,j As Integer
Dim str1 As String
str1=""
For i=1 To 5
    str1=str1+Space(11-i)
    For j=1 To 2*i-1
```

```
            str1=str1+"*"
        Next
            str1=str1+vbCrLf
    Next

    MsgBox(str1,,"结果为:")
```

【例 4.31】 求 1～1000 之间的所有完数。

任务描述:

求 1～1000 之间的所有完数,完数的含义是该数的所有因子之和等于该数,例如 6＝1＋2＋3

任务分析:

此题分两步做。

第 1 步,求一个数(假设为 n)的所有因子之和。利用单层循环结构,从 1～n－1 轮流测试,若能被整除,则累加求和。

第 2 步,在外层循环中,把 n 从 1～1000 循环,利用第一步的结果,逐个判断 n 的因子之和是否等于 n。若相等,则显示。

思路如下:

```
For n=1 to 1000
        求 n 的所有因子之和赋给 s
        若 n=s,则显示              '显示可以用字符串的连接运算

Next
```

任务实现:

```
Dim n,i,s As Integer
Dim str1 As String
str1=""
For n=1 To 1000
    s=0
    For i=1 To n-1
        If n Mod i=0 Then
            s=s+i
        End If
    Next
    If s=n Then
        str1=str1+Str(n)+vbCrLf
    End If
Next

MsgBox("结果为"+str1,,"1 到 1000 之间完数")
```

思考:本程序中的语句:s＝0 能否放在语句 str1＝""与 for n=1to1000 之间?

4.4　其他控制语句

除了前面讲过的控制结构外,还有 GoTo、Exit 和 End 语句,这些语句在某种程度上也可以实现程序的流程控制。

4.4.1　GoTo 语句

GoTo 语句形式如下:

GoTo 标号

其中,标号是一个字符序列,首字符必须是字母。在转换到的标号后必须有冒号。

功能:GoTo 语句把程序的流程转换到标号处执行。

【例 4.32】　求 $1+2+3+\cdots$ 的和超过 1000 的最小值。

```
Dim i,s As Integer
s=0
For i=1 To 1000
      s=s+i
     If s>1000 Then
            GoTo S1000
     End If
Next

S1000:MsgBox("超过 1000 的最小值为"+Str(s),,"结果")
```

说明:由于 GoTo 语句能够破坏程序的结构化,使程序结构不清晰,可读性差,所以应尽量少用或不用 GoTo 语句。在理论上,此语句可以用选择语句和循环语句代替。

4.4.2　Exit 语句

Exit 语句功能如下:退出某种结构的执行。如循环结构、过程、函数等。

Exit 语句形式如下:

```
Exit For
Exit Do
Exit Sub

Exit Function
```

前两种形式的功能是退出循环结构,后两种形式的功能是退出过程和函数(具体用法见相关章节)。

4.4.3　End 语句

形式 1(独立使用):

End

End 语句功能:用于结束一个程序的运行。

形式 2(与其他对应的语句配对使用):

End If,End While,End With 和 End Sub 等。

End 语句功能:用于结束一个过程和块。

具体的使用方法参见相关章节。

4.5　综合实训

在本章重点介绍了结构化程序设计的 3 种基本结构:顺序结构、选择结构和循环结构。它是程序设计的基础,希望读者能够熟练掌握及应用,下面通过一些例子来理解这些结构。

【例 4.33】 求圆周率的近似值。

任务描述:

利用公式 $\frac{\pi}{4}=1-\frac{1}{3}+\frac{1}{5}-\frac{1}{7}+\cdots$ 计算 π 的近似值,直到最后一项的绝对值小于 10^{-6} 为止。

任务分析:

这是一个典型的求和问题。把上面的公式转换成:

$$\frac{\pi}{4}=1+\left(-\frac{1}{3}\right)+\left(\frac{1}{5}\right)+\left(-\frac{1}{7}\right)+\cdots$$

其中,每一项的正负号利用 $(-1)^n$ 来实现,通项公式为 $(-1)^{n-1}(1/(2n-1))$。

任务实现:

```
Dim s As Double
    Dim n As Integer
    s=0
    n=0
    Do
        n=n+1
        s=s+ (-1)^(n-1)* (1/(2*n-1))
Loop While 1/(2*n-1)>=10^-6

    MsgBox("π 的值为:"+Format(4* s,"#.#####")),,"利用求和公式求 π 的值")
```

【例 4.34】 求裴波那契数列的前 20 项。

任务描述:

裴波那契数列是由计算某类动物繁殖增长量而提出的。数列的前两项是 1,1。以后的每一项都是其相邻前两项之和。即:1,1,2,3,5,8,13,…显示该数列的前 20 项。在编写程序时,要找出循环的规律。通过对数列的观察,可以发现:假定最初的两个值 1,分别赋值给 a 和 b,通过 a+b 求 c;为了求下一个数据,可以把刚才 b 的值赋给 a,把 c 的值赋给 b,再通过求 a+b 得出新的 c 来。

```
1  1  2  3  5  8  13
↑  ↑  ↑
a  b  c                    '第 1 次循环
   ↑  ↑  ↑
   a  b  c                 '第 2 次循环
      ↑  ↑  ↑
      a  b  c              '第 3 次循环
         ↑  ↑  ↑
         a  b  c           '第 4 次循环
```

第 1 次循环通过 a＋b(即 1＋1)求得 c(即 2),然后把 b 的值(1)赋给 a,c 的值(2)赋给 b,这个赋值是为下一次的求和做准备。

第 2 次循环也是通过 a＋b(即 1＋2)求得 c(即 3),然后把 b 的值(2)赋给 a,c 的值(3)赋给 b。

类似地,第 3 次循环也是通过 a＋b(即 2＋3)求得 c(即 5),然后把 b 的值(3)赋给 a,c 的值(5)赋给 b,这样循环下去,即可求出此数列。

本例中的这种求值的方法叫递推法,其基本思想是把一个复杂的计算过程转化为简单过程的多次重复,每次重复都是从旧值的基础上递推出新值,并由新值代替旧值。

任务实现:

```
Dim a,b,c,i As Integer
Dim str1 As String              '用来存放每数例中的每一个数字串
a=1
b=1
str1= "1  1  "
For i=1 To 18                   '这个循环只循环 18 次,不是 20 次
    c=a+b
    str1=str1+Str(c)+"  "
    a=b
    b=c
Next

MsgBox("数列的前 20 项为:"+str1,,"显示裴波那契数列")
```

【例 4.35】　百鸡问题。

任务描述:

假定公鸡每只 2 元,母鸡每只 3 元,小鸡每元钱 3 只,请问用 100 元买 100 只鸡,有多少种买法?

任务分析:

根据题意,可列出方程的表达式:

$$\begin{cases} x+y+z=100 \\ 2x+3y+z/3=100 \end{cases}$$

其中,x、y、z 分别表示公鸡、母鸡和小鸡的只数,且只能是整数。

　　由于有 3 个未知数,两个方程,解不唯一。因此要充分利用计算机的循环特长,把全部的组合挨个试一遍,找出符合条件的解。这种方法叫"穷举法"或"枚举法"。

　　通过分析可知,公鸡的只数在 0～50 之间,母鸡的只数在 0～33 之间,小鸡的只数在 0～100 之间,那么可以利用三重循环,把这些组合全部测试一遍。

　　任务实现:

```
Dim x,y,z As Integer
Dim str1 As String
str1=""
For x=0 To 50
    For y=0 To 33
        For z=0 To 100
            If x+y+z=100 And 6*x+9*y+z=300 Then
                str1=str1+Str(x)+"  "+Str(y)+"  "+ _
                    Str(z)+"  "+Chr(13)+Chr(10)
            End If
        Next
    Next
Next

MsgBox("所有的买法如下:"+vbCrLf+str1,,"百鸡问题")
```

　　在这个程序中,最内层的语句循环的次数为 $50 \times 33 \times 100$ 次 $= 165\,000$ 次,效率比较低。

　　算法的改进:由于公鸡和母鸡的只数(x、y)已确定,那么 z 的值肯定是 $100 - x - y$,否则,第一个方程不成立。所以,可以把第三层循环去掉,变成两重循环。

　　两重循环的程序如下(为了省略篇幅,只写出了循环部分):

```
For x=0 To 50
    For y=0 To 33
        z=100-x-y
        If 6*x+9*y+z=300 Then
            str1=str1+Str(x)+"  "+Str(y)+"  "+Str(z)+"  "+vbCrLf
        End If
    Next
Next
```

这个程序最内层语句的循环次数为 50×33 次 $= 1650$ 次,效率明显提高。

　　【例 4.36】 打印九九乘法表。

　　任务描述:

打印九九乘法表,运行结果如图 4-18 所示。

　　任务分析:

用双重循环实现,外层循环控制行数(9 行);内层循环控制每一行的内容,包括被乘数、乘号、乘数、等号、积、每个公式之间的分隔(对齐)和换行。

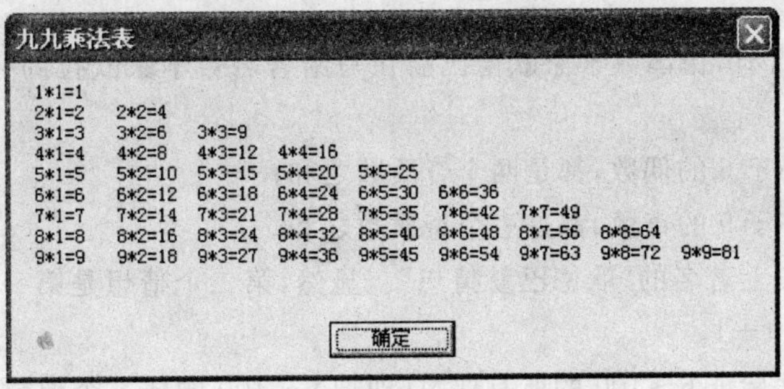

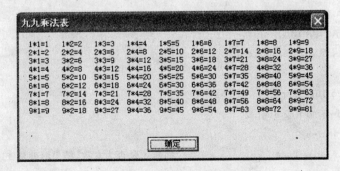

图 4-18　九九乘法表示意图 1

任务实现：

```
Dim i,j As Integer
Dim str1,s1 As String
str1=""
For i=1 To 9
    For j=1 To i
        s1=Trim(Str(i))+"* "+Trim(Str(j))+"="+Trim(Str(i*j))
        str1=str1+s1+Space(8-Len(s1))
    Next
    str1=str1+vbCrLf
Next

MsgBox(str1,,"九九乘法表")
```

在上面程序中，用到了 Trim 函数，目的是把串前面的空格删除掉，以保证输出图形的紧凑感。这是因为一个正数在用 Str 函数转换成字符串时，串前面加上了一个前导空格。即：Str(2)的结果为"2"，Trim(Str(2))的结果为"2"。

若把内层循环改为

```
for j=1 to 9
```

则输出结果如图 4-19 所示。

图 4-19　九九乘法表示意图 2

【例 4.37】　验证歌德巴赫猜想。

任务描述：

1742 年 6 月 7 日,德国数学家歌德巴赫在写给著名数学家欧拉的一封信中,提出了两个大胆的猜想:

(1) 任何不小于 6 的偶数,都是两个奇质数之和;

(2) 任何不小于 9 的奇数,都是三个奇质数之和。

这就是数学史上著名的"歌德巴赫猜想"。显然,第二个猜想是第一个的推论。命题(1)一般被表述成 1+1。

要求编写程序验证 6～100 的所有偶数(即把 6～100 的任一个偶数表示成两个素数之和)。

任务分析：

此题可以按以下步骤解决。

(1) 判断一个数是否为素数(前面已经讲过)。

(2) 把一个偶数 n 表示成一对素数之和。因为 n 可以表示成 3+(n-3),5+(n-5),…这里不考虑加数和被加数是偶数的形式。把被加数称为 i,加数称为 j。然后分别判断 i 和 j 是否为素数,若都是素数,则对 n 的表示完成;否则,测试下一对数,直到发现一对素数为止。该思想表示如下:

```
For i=3 to n/2 Step 2          '由于加法的对称性,只需测试到 n/2 即可
    j=n-i                      '把 n 拆成 i 和 j,即 n=i+j
    判断 i 是否为素数(结果赋给变量 flag1)
    判断 j 是否为素数(结果赋给变量 flag2)
    If flag1 And flag2 Then     'i 和 j 都是素数
        显示 n=i+j
        Exit For
    End If
Next
```

(3) 对(2)中的方法加上外层循环,控制 n 为 6～100 循环即可。

任务实现：

```
Dim i,j,n,t As Integer
Dim str1 As String
Dim flag1,flag2 As Boolean
str1=""
For n=6 To 100 Step 2
    For i=3 To n/2 Step 2
        j=n-i
        flag1=True              '判断 i 是否为素数,结果给变量 flag1
        For t=2 To Sqrt(i)
            If i Mod t=0 Then
                flag1=False
```

```
            Exit For
        End If
    Next
    flag2=True                    '判断 j 是否为素数,结果给变量 flag2
    For t=2 To Sqrt(j)
        If j Mod t=0 Then
            flag2=False
            Exit For
        End If
    Next
    If flag1 And flag2 Then        'i 和 j 都是素数
        str1=str1+Str(n)+"="+Str(i)+"+"+Str(j)+vbCrLf
        Exit For
    End If
    Next
Next

MsgBox("结果为"+str1,,"哥德巴赫猜想")
```

在第(2)步中,可以对程序进行优化,没有必要每一次都对 i 和 j 进行判断。根据要求可知,若 i 不是素数,j 就没有必要再进行判断(因为这一对数肯定不是要求的数),进而提高程序的效率。请读者完成这个优化。

4.6　自主学习——程序调试

随着程序的复杂性提高,程序中的错误也伴随而来。错误(Bug)和程序调试(Debug)是每个编程人员必定都会遇到的。对初学者,看到出现错误不要害怕,关键是如何找出错误,失败是成功之母。上机的目的不只是为了验证编写的程序的正确性,还要通过上机调试,学会查找和纠正错误的方法和能力。VB. NET 为调试程序提供了一组交互的、有效的调试工具,在此逐一介绍。

4.6.1　错误类型

为了易于找出程序中的错误,可以把错误分为三类:语法错误、运行时错误和逻辑错误。

1. 语法错误

当用户在代码窗口中编辑代码时,VB. NET 会对程序直接进行语法检查,发现程序中存在输入错误,例如,关键字输入错、变量类型不匹配、变量或函数未定义等。VB. NET 开发环境提供了强大智能感知的功能,在输入程序代码时,会自动检测,并在错误的代码下面以波浪线显示,当鼠标指向波浪线时,系统会显示出错的原因;同时在任务列表窗口上也会显示警告信息。

2. 运行时错误

运行时错误指 VB. NET 在编译通过后，运行代码时发生的错误。这类错误往往是由指令代码执行了一非法操作引起的。例如，数组下标越界、分母为 0、试图打开一个不存在的文件等。当程序中出现这种错误时，程序会自动中断，并给出有关的错误信息。

3. 逻辑错误

程序运行后，无法得到期望的结果，这说明程序存在逻辑错误。例如，运算符使用不正确、语句的次序不对、循环语句的起始或终值不正确等。通常，逻辑错误不会产生错误提示信息，故错误较难排除。这就需要仔细地阅读分析程序，在可疑的代码处通过插入断点并逐语句跟踪，检查相关变量的值，分析错误原因。

4.6.2　调试和排错

为了更正程序中发生的不同错误，VB. NET 提供了调试工具。主要通过设置断点、插入观察变量、逐行执行和过程跟踪等手段，然后在调试窗口中显示所关注的信息。

1. 插入断点和逐语句跟踪

可在中断模式下或设计模式时设置或删除断点；应用程序处于空闲时，也可在运行时设置或删除断点。在代码窗口选择怀疑存在问题的地方作为断点，按 F9 键。在程序运行到断点语句处（该句语句并没有执行）停下，进入中断模式，在此之前所关心的变量、属性、表达式的值都可以查看。

在 VB. NET 中可以在中断模式下直接查看某个变量的值，只要把鼠标指向所关心的变量处，稍停一下，就在鼠标下方显示该变量的值。

若要继续跟踪断点以后的语句执行情况，按 F8 键或选择"调试"菜单的"逐语句"执行。

将设置断点和逐语句跟踪相结合，是初学者调试程序最简洁的方法。

2. "即时"窗口

在中断模式，除了用鼠标指向要观察的变量直接显示其值外，一般通过"即时"窗口观察、分析变量的数据变化。

单击"调试"工具栏的"即时"按钮打开该窗口。"即时"窗口内显示的是：

① 可以直接在该窗口使用"?"显示变量的当前值。

② 通过"Debug. Write"或"Debug. WriteLine"语句输出变量的结果。

4.6.3　结构化异常处理

所谓异常处理是将应用程序中放置特定代码，来处理程序执行时可能遇到的大多数错误并使应用程序能继续运行。VB. NET 以前的版本，仅提供了"非结构化"异常处理，VB. NET 中还增加了"结构化"异常处理。

在非结构化异常处理中,代码开始处的 On Error 语句将处理所有的异常,处理机制缺乏控制、可读性差,故本书不作介绍。结构化异常处理使用 Try…Catch…End Try 控制结构测试代码片段,筛选该代码执行过程中产生的异常,并根据产生的异常类型做出不同的响应。结构化异常处理更强大,更具普遍性和灵活性。

1. 结构异常处理的形式

```
Try
    …                   '可能引发异常的代码
Catch[选择筛选器]
    …                   '处理该类异常
[Finally
    …       ]           '善后处理
End Try
```

其中:

① Catch 筛选器有三个子句:

• Catch ex As ExceptioneType

ExceptioneType 指明要捕捉异常的类型,标识符 ex 用来存取代码中异常的信息。

• Catch When Expression

是基于任何条件表达式的过滤,用于检测特定的错误号。Expression 是条件表达式。

• Catch

是上述两种子句的结合,同时用于异常处理。

② Finally 语句是可选的,若有则不管异常发生否,始终要执行该 Finally 块。

该控制结构的作用是当需要保护的代码在执行时发生错误,VB. NET 将检查 Catch 内的每个 Catch 子句块,若找到条件与错误匹配的 Catch 语句,则执行该语句块内的处理代码,否则产生错误,程序中断。Catch 块与 Select Case 语句在功能上相似。

2. 常见异常类

VB. NET 的异常类都是 Exception(命名空间 System)类的实例,是所有异常类的基础类,每次发生异常时,创建一个新的 Exception 对象实例 ex,查看其属性可以确定代码位置、类型以及异常的起因。异常的属性如表 4-5 所示。

表 4-5　异常的属性

属性	描述
HelpLink	属性包含一个 URL,指导用户进一步查询该异常的有关信息
Message	告知用户错误的性质以及处理该错误的方法
Source	引起异常的对象或应用名

除 Exception 类外,Exception 提供了很多异常子类,表 4-6 列出了常见异常类及其说明,对于更详细的介绍,可参考 VB. NET 帮助信息。

表 4-6　常见异常类

异常类	说　　明
Exception	所有异常类的基础类
ArgumenlentException	变量异常的基础类
ArithmeticException	在算法、强制类型转换或转换操作上发生错误
IndexOutOfRangeException	数组下标越界
Data. DataException	使用 ADO. NET 组件时产生错误
FormatException	参数的格式不符合调用方法的参数规定
IO. IOException	发生 I/O 错误

思 考 题 四

1. 什么是结构化程序设计?

2. 在 Visaul Basic. NET 中,存在哪几种选择语句?

3. 各种循环结构的相同和不同之处是什么?

4. 编写程序计算分析函数的值:

$$y=\begin{cases} 3x+2, & x<0 \\ x^2+10, & 0 \leqslant x<10 \\ 5x-6, & x \geqslant 10 \end{cases}$$

5. 编写应用程序,输入若干学生一门课程的成绩,统计平均成绩、及格和不及格的人数。

6. 编写应用程序,读入一个整数,分析它是几位数。

7. 编写应用程序,读入一行字符,统计其中字母、数字、空格和其他字符各有几个。

8. 编写应用程序,统计并逐行显示(每行 5 个数)在区间[10000,50000]上的回文数。回文数的含义是从左向右读与从右向左读是相同的,即对称,如 12321。

9. 编写程序,计算并输出下面级数前 n(设 n=50)项中奇数项的和。结果取 6 位小数。

$1/(1 \times 2)+1/(2 \times 3)+1/(3 \times 4)+ \cdots +1/(n(n+1))+ \cdots$

10. 编写程序,计算并输出下面数列前 n 项的和(设 n=20,结果取 4 位小数)。数列为 $2/1,3/2,5/3,8/5,13/8,21/13, \cdots$

11. 编写程序,设 n=20,X=3.4,计算并输出 S(n)的值,要求结果保留 5 位小数。

$S(n)=\ln x/x+\ln 2x/x^2+\ln 3x/x^3+ \cdots +\ln(nx)/x^n+ \cdots$(其中,ln 为自然对数函数)

12. 编写程序,计算并输出所有 6 位正整数中间同时能被 13 和 20 整除的数的个数 n 及它们的立方根的和。

13. 编写程序,使用双循环输出下列三角形:

```
A B C D E
A B C D
A B C
A B
A
```

14. 求 $s=a+aa+aaa+\cdots+\underbrace{aaa\cdots a}_{n\uparrow a}$ 的值，其中 a 和 n 的值由用户输入。

例如，当 a＝2，n＝5 时，s＝2＋22＋222＋2222＋22222

15. 用下列泰勒多项式求 sinx 的值(精确到 0.00001)。

$$Sinx \approx \frac{x}{1} - -\frac{x3}{3!} + \frac{x5}{5!} + \frac{x7}{7!} + \cdots + (-1)^{n-1}\frac{x2n-1}{(2n-1)!}$$

16. 猴子吃桃问题。小猴摘了若干个桃子，第 1 天吃掉一半多一个；第 2 天接着吃了剩下桃子的一半多一个；以后每天都吃尚存桃子的一半多一个，到第 8 天早上要吃时只剩下一个了。问小猴最初摘了多少个桃子？

17. 一个球从 100 m 高度自由落下，每次落地后反跳回原高度的一半，再落下。求它在第 8 次落地时，共经过多少米？第 8 次反弹多高？

第5章 数　　组

学习要点

- 一维数组的定义和使用；
- 二维数组的定义和使用；
- ListBox 控件和 ComboBox 控件；
- 数组的应用。

在前面的程序中，我们用到了各种类型的变量来存储数据，比如字符型、数值型、逻辑型等，它们都是 VB 的基本类型变量，除了这些基本的数据类型变量外，VB. NET 还提供了复合数据类型，包括数组、结构、枚举和集合。本章将介绍数组和结构类型，数组适合处理同一性质的成批数据。本章还将介绍列表框和组合框控件，这两个控件的某些属性具有数组的特征。

5.1　一维数组的定义和引用

5.1.1　射击比赛成绩统计

【例 5.1】　射击比赛成绩统计。

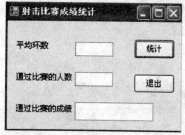

图 5-1　射击比赛成绩统计

任务描述：

编写一个程序，输入 50 名射击运动员的一次比赛成绩（以环计），低于平均环数的人遭淘汰，统计通过比赛的人数并按环数高低显示他们的成绩。程序的运行界面如图 5-1 所示。程序运行时，输入 50 个运动员的射击环数，输入完成后，单击界面的"统计"按钮，在图中的三个文本框中分别输出统计结果，单击"退出"按钮结束程序的运行。

任务分析：

可以采用前面章节学过的循环方法来输入 50 名运动员的射击环数，输入语句可以用到 InputBox 函数，并统计总环数，从而计算平均环数，可以使用 Button_Click 事件过程实现。当点击"统计"命令按钮时，输入数据，计算平均环数并显示在第一个文本框中。那么，统计高于平均环数的运动员人数，该怎么计算？怎么按环数高低显示他们的成绩？请读者自己先想一想，然后参看后面的程序代码。

任务实现：

（1）建立用户界面并设置相关属性，本例中的界面设计包括三个 TextBox，三个 Label 和两个 Button，详细界面设计参照图 5-1。

（2）编写事件过程。

首先根据前面所学的知识完成第一个任务，统计运动员的平均环数：

```
Private Sub Button1_Click(ByVal sender As System.Object,ByVal e As System. _
EventArgs)Handles Button1.Click
    Dim i%,aver!,score!
    aver=0
    For i=1 To 50
        score=Val(InputBox("第"&i&"名运动员的环数"))    '输入运动员的射击环数
        aver=aver+score          '计算所有运动员的射击总环数
    Next
    aver=aver/50
End Sub
```

接下来，求高于平均环数的运动员的人数，把每一个刚才输入的射击环数与平均环数比较，然后在计数器中计数。但是存在一个问题，刚才输入的 50 个运动员的射击成绩并没有保存，需要再现刚才的数据，目前所能采取的方法就是重复输入一次。但是，大量的数据再现不能保证完全不出错，所以，这并不是一个好方法。如果采用数组，这个问题便迎刃而解，上面的程序改写如下：

```
Private Sub Button1_Click(ByVal sender As System.Object,ByVal e As System. _
EventArgs)Handles Button1.Click
    Dim i%,aver!,score!(49),count%
    aver=0
    For i=0 To 49
        score(i)=Val(InputBox("第"&i+1&"名运动员的环数"))'输入运动员的射击环数
        aver=aver+score(i)                    '计算所有运动员的射击总环数
    Next
    aver=aver/50

    For i=0 To 49
        If score(i)>=aver Then count=count+1  '高于平均环数的人计数
    Next
    TextBox1.Text=aver
    TextBox2.Text=count
End Sub
```

很明显，在上面的程序中，我们采用了带下标的数据 score(i)这种形式，这种数据形式就是数组。在循环中，下标 i 随着循环变量的值变化，可以处理大量的数据，程序也很简洁。

既然数据已经存储在数组 score 中，通过比赛的人数也在 count 中，那么要有序显示他们的成绩,我们可以用一个方法 Array. Sort 实现。在上面的程序结束前加入如下程序段就可以了。

```
Array.Sort(score)              '对数组中的数据升序排序
Array.Reverse(score)           '对升序排序后的数组反序,即降序排列 score
For i=0 To count-1             '显示前 count 个运动员的环数
    TextBox3.Text &= score(i) & Space(1)
Next
```

5.1.2　一维数组的声明和初始化

数组并不是一种数据类型,而是一组相同类型的变量的集合。在程序中使用数组的最大好处是用一个数组名代替逻辑上相关的一批数据,用下标可以访问该数组中的各个元素。与循环语句结合使用,可以使程序书写更简洁。

1. 一维数组声明

数组必须先声明后使用,声明数组需要明确数组名、数组元素的类型、维数、数组大小(即数组元素的个数)。按声明时下标的个数确定数组的维数,VB. NET 中的数组有一维数组、二维数组等,维数最多 32 维。

数组声明的一般常用形式为:

Dim　数组名(下标上界)[As　类型名]　　　　　　　'一维数组声明

功能:声明数组名,确定数组的名称、大小、数组元素类型,并为数组分配存储空间。

说明:

① 下标上界:可以是常数、有明确值的变量或表达式。在 VB. NET 中下标下界为 0。

② 一维数组的大小为:下标上界+1。

③ As 类型:如果缺省,与前述变量的声明一样,默认是 Object 类型。

下标表示顺序号,每个数组元素有一个唯一的顺序号,下标不能超出数组声明时的上界范围。一个下标,表示一维数组;多个下标,表示多维数组。下标可以是整型的常数、变量、表达式,甚至是一个数组元素。

例如:Dim　a(10)　As Integer

声明了数组 a:数组名为 a,一维数组,数组元素是整型,有 11 个元素。下标的范围为 0~10,数组元素为 a(0),a(1),…a(10),每个数组元素都可以存放一个整型数据。若在程序中使用 a(11),则系统会显示"索引超出了数组界限"的提示信息。

例如:Dim　St(5)　As String

声明了数组 St:数组名,一维数组,字符串类型,有 6 个元素。下标的范围为 0~5,数组元素为 St(0),St(1),…St(5),每个数组元素都可以存放一个字符串。

2. 数组元素

声明数组,仅仅表示在内存分配了一个连续的区域,区域中的每个单元是数组的某个元素。数组的元素是以索引号也就是下标来区别,数组的每一个元素都可以用数组名和下标唯一地表示。每一个数组元素用来保存一个数据,单个数组元素的使用跟同类型的简单变量的使用方法一样。

在使用中,应注意如下几点:

① 下标用圆括号括起,不能用中括号或大括号代替,也不能省略圆括号。例如,a[6]、a{3}等的表示方法都是错误的。

② 下标可以是常量、变量或者表达式,其值应该是整数,否则自动四舍五入为整数。

③ 不应该超出数组元素的上界引用数组元素。同时,由于有些人不习惯从 0 开始使用数组元素,所以,也有定义后,从下标 1 开始引用数组元素的,也就是第一个元素放弃不用。

④ 在通常情况下,数组中的各元素类型必须相同,但若数组类型为 object 时,可包含不同类型的数据。

3. 数组初始化

VB. NET 提供了对数组的初始化功能,也就是在定义数组的同时,为数组元素赋初值,数组的初值是以左右大括号括住的,数据间彼此以逗号隔开。此种方式定义数组时,不可以在数组名后面的小括号内设置数组的大小。

格式:Dim 数组名()As 类型={常数 1,……常数 n}   '一维数组初始化

例如:Dim myArray() As Integer={56,45,68,32}

定义一个数组名为 myArray 的整数数组,并将初始值设置如下:

```
myArray(0)=56,myArray(1)=45,myArray(2)=68,myArray(3)=32
```

注意:

① 下面语句因在定义数组并赋予初值时,设置了数组的大小为 3,是错误的写法:

```
Dim myArray(3)As Integer={56,45,88,32}
```

② 当在定义一个数组未用 As 来指定数组的数据类型时,此数组的数据类型为对象,因此数组内的数组元素,允许夹杂不同数据类型的数据。例如:下面语句列的定义是合法的:

```
Dim myArray()={1,"abc",0,True,-2}
```

③ 数组元素间的数据必须是相同的数据类型才允许做运算。例如:根据上面②中数组赋值,myArray(0)和 myArray(1)的数据类型分别为整数和字符串,由于数组与字符串不能直接加减,会造成错误,所以下面是不合法的语句:

```
myArray(0)+myArray(1)
```

4. 以 New 子句来指定数组变量

数组的定义也可以使用 New 子句,此种方式定义数组时,一定要指定数组是属于哪种类型,同时数组名后面的小括号内不必设置数组的大小。

格式:Dim 数组名()As 类型=New 类型(数组大小){}

例如:Dim myArray() As Integer=new Integer(3){}

定义了一个整数数组 myArray,有 4 个数组元素,分别为 myyArray(0)~myArray(3)。

注意:下面使用 New 子句来定义数组的方式是不合法的:

```
mySingleArray()As Integer=New(3){}
```

错误原因是,New 后面没有指定数据类型。

使用 New 字句,也可以同时指定数组元素的初值,如下所示:

```
Dim myArray()As Byte=New Byte(){56,45,68,32}
Dim myArray()As Integer=New Integer(3){56,45,68,32}
```

以下是错误的定义:

```
Dim myArray()As Integer=New Integer(){1,"abc",0,True,-2}    '元素类型错误,在编
                                                             译的时候会报错
```

5.1.3　一维数组的引用

1. 数组的输入输出

数组是程序设计中最常用的数据结构类型,将数组的下标和循环语句结合使用,能解决大量的实际问题。注意,数组定义时用数组名表示该数组的整体,但在具体操作时是通过指定数组下标而针对每个数组元素进行的。为陈述方便,我们定义如下数组和变量,在后面的用例中我们会用到它们:

- 数组的输入

可以通过 TextBox 控件或 InputBox 函数逐一输入,以下程序段利用 InputBox 函数输入:

```
Dim iA(9)As Integer,i%
For i=0 To 9
    iA(i)=Val(InputBox("输入第"& i & "个元素的值"))
Next i
```

对于大量的数据输入,为了便于编辑,一般不用 InputBox 函数,而用 TextBox 控件,再加某些技术处理。

- 数组输出

数组元素的输出,一般以循环的方式显示输出在文本框和标签中,再加上一些格式处理,比如一行输出多少个,每列数据是左对齐还是右对齐,数据之间的间隔多少等等。这些数据的格式输出在后面还会讲到。

【例 5.2】　数组的输入和输出。

任务描述:

使用文本框控件连续输入 10 个数据到数组中,每输入一个数据,以回车键确认后,将其输入到数组中,同时显示在窗体的标签控件上。点"结束"按钮,程序结束运行。

图 5-2　数组的输入和输出

任务分析:

界面设计如图 5-2 所示。任务要求每输入一个数据,以回车确认,那么我们的输入任务应该放在 Textbox_Kepress 这个事件中,该事件有个返回值 e. KeyChar,返回的是键入的字符,每当 e. KeyChar=Chr(13)时,表示用户输入了一个回车键(回车键的 ASCII 值是 13),即用户进行了一次输入确认。

这个输入的数据赋值给左边的标签控件的 Text 属性,实现了数据的显示功能。同时用一个计数器记录输入数据的个数,当个数达到 10 时,禁止继续输入。

任务实现:

1. 建立相关控件并设置相关属性

本例中将文本框的 Name 属性设置为 txtInput,标签的 Name 属性设置为 lblshow,命令按钮用的默认属性值。

2. 编写事件过程

在事件过程中,存放数据的数组和记录元素个数的变量定义在事件过程外面。如果将它们放在事件过程里面,会有什么不同吗?请读者试一试,并思考。

```
Dim iB%(9),i%
    Private Sub txtInput_KeyPress(ByVal sender As Object,ByVal e As System. _
Windows.Forms.KeyPressEventArgs)Handles txtInput.KeyPress
        If e.KeyChar=Chr(13)Then
            If txtInput.Text <>"" Then
                iB(i)=txtInput.Text
                i+=1
                lblshow.Text+="("& i &")"+txtInput.Text+vbNewLine
                txtInput.Text=""
            End If
            If i=10 Then
                lblshow.Text+="输入完毕"
                txtInput.Enabled=False
            End If
        End If
    End Sub
```

当在 txtInput 控件上面按 Enter 键时,程序开始检测文本框 txtInput 中的内容,如果不空,则将其放到数组 iB 中,并将该元素内容按行显示在标签 lblShow 中。直到输满 10 个数据,文本框被禁止输入。程序中,e. KeyChar 获得在文本框中按下的字符,然后与 Chr(13)这个回车键字符比较,判断一个数据是否输入完成。

如果数组中有较多数据,比如 100 个,要求将整个数组内容以循环方式一次显示在窗体的标签控件上面,每行显示 10 个,以逗号分隔,程序参考代码如下:

【例 5.3】

```
Private Sub btnok_click(......)Handles btnok.Click
lblshow.text="数组元素如下:"+VbNewLine
For i=0 To 99
    lblshow.Text+=iB(i)+","
    If(i+1)mod 10=0 then lblshow.Text &=vbcrlf
Next
End Sub
```

5.1.4　数组重定义

当在声明一个数组时，无法确知数组的大小，只有在程序中才能确定数组大小，这时用户可能会事先估计一下，并定义一个比实际需要大得多的数组，显然这样会浪费内存空间。比较好的方法是先定义一个动态的数组，不指定其大小或者指定合适的大小，然后在程序中用语句通过重定义确定数组的大小，这样可以根据需要动态地调整数组的大小，不会浪费存储空间。在程序中重新定义数组大小的语句是 ReDim。

下面例子是先使用 Dim 语句定义一个含有 4 个数组元素的 myArray 数组，接着再使用 Redim 语句将 myArray 数组大小变成含有 6 个元素的数组：

```
Dim myArray% (3)
:
:
ReDim myArray(5)
```

图 5-3　数组重定义

【**例 5.4**】　数组的重定义。

任务描述：

界面设计如图 5-3 所示，输入若干学生的姓名，以回车键结束，在文本框中输入一个，就将输入的数据存放到数组中，同时将该姓名在另一个文本框中按行显示。点击"结束"按钮结束输入。

任务分析：

该程序中，并没有明确学生的个数，不知姓名数组该定义多大，所以定义一个动态数组，不指明大小，在程序中用 Redim 对其重定义。每当按下一个 Enter 键，一个姓名输入完成，数组元素增加 1，需要用 Redim 对数组重定义，将新输入的数组元素存放到扩大的数组中并显示在左边的文本框中。在左边的文本框中每输出一个姓名，都应该紧接着输出一个换行符，实现按行输出。VB. NET 中的换行符是 VbNewline 或者 VbCrlf。该任务的事件过程是 TextBox_KeyPress，对其解释可参看前面的例子。

任务实现：

事件过程代码如下。

```
    Dim a()As String,n As Integer
  Private Sub TextBox1_KeyPress(ByVal sender As Object,ByVal e As System. _
  Windows.Forms.KeyPressEventArgs)Handles TextBox1.KeyPress
      If Asc(e.KeyChar)=13 Then
          N=n+1
          ReDim Preserve a(n)
          a(n)=TextBox1.Text
          TextBox2.Text &=TextBox1.Text & vbCrLf
      End If
  End Sub
```

```
    Private Sub Button1_Click(ByVal sender As System.Object,ByVal e As System._
  EventArgs)Handles Button1.Click
   End
  End Sub
```

注意：

① Dim 语句是说明性语句，可以出现在程序的任何地方，而 Redim 语句是可执行语句，只能出现在过程中。

② 在过程中可多次使用 ReDim 语句来改变数组的大小，但不能改变数组的维数，也不能改变数组类型。

③ 每次使用 ReDim 语句都会使原来数组中的值丢失，可以在 ReDim 保留字后加 Preserve 参数用来保留数组中的数据，但使用 Preserve 只能改变最后一维的大小，前面几维大小不能改变。

5.1.5 一维数组的基本操作

【例 5.5】 求数组元素的最大值和最小值。

任务描述：

界面设计如图 5-4 所示，点击按钮"确定"，随机产生 20 个 100 以内的整型元素，显示在文本框中，并求其最大值和最小值，显示在随机元素的下一行。

任务分析：

产生 100 以内的随机整数，Rnd 函数可以产生 [0,1) 之间的随机小数，可以用 Rnd * 100 得到 100 以内的数据，并用 Round 函数取整。关键是求最值，

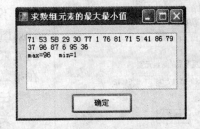

图 5-4 求数组元素的最大和最小值

我们可以假设第一个元素是最大值，将其放在变量 max 中，然后，从第二个元素开始，逐一与 max 比较，如果比 max 大，就将该元素放在 max 中，否则不放。一直比到最后一个，就找到最大的元素。找最小元素也是一样的道理，我们用 min 记录最小元素。请读者考虑一下，如果不将第一个元素放在 max 和 min 中，程序一定能够求出最大和最小值吗？

任务实现：

事件过程如下。

```
    Private Sub Button1_Click(ByVal sender As System.Object,ByVal e As System._
  EventArgs)Handles Button1.Click
      Dim a%(19),i%,max%,min%
      For i=0 To 19
          a(i)=Math.Round(Rnd()*100)
          TextBox1.Text &=a(i)& Space(1)
      Next
      Max=a(0):min=a(0)
      For i=1 To 19
```

```
        If a(i)>max Then max=a(i)
        If a(i)<min Then min=a(i)
    Next i
    TextBox1.Text &=vbNewLine
    TextBox1.Text &="max="& max & Space(2)& "min="& min
End Sub
```

也可以用另外一种方式来处理这个问题,那就是在比较过程中,只记录最值元素的下标,等整个比较过程结束,便记下了最大和最小值的下标,当然也找到了最大最小值。

求最值的程序段如下:

```
imax=0:imin=0
For i=1 to 19
    If a(i)>a(imax) then imax=i
    If a(i)<a(imin) then imin=i
Next
Max=a(imax):min=a(imin)
```

【例 5.6】　数组元素反序。

图 5-5　数组元素反序

任务描述:

不借助其他数组,将数组中的元素反序存放。界面设计如图 5-5 所示,当点击"确定"按钮时,程序首先将数组中的元素显示在第一个文本框中,然后将这列元素反序,显示在第二个文本框中。

任务分析:

关于反序的方法,因为不允许借用另外的数组,可以将数组头尾的对应位置的元素交换,如图 5-6 所示,第一个和最后一个元素交换,第二个和倒数第二个交换,如此下去,直到中间两个元素(总数为偶数个元素的数组)或者中间一个元素(总数为奇数个元素的数组)结束。

下标	0	1	2	3	4	5	6	7
初值	12	54	6	67	38	17	81	23

交换

图 5-6　元素交换示意图

任务实现:

因为程序的重点在于数组元素的操作,对于数组元素的赋值,在定义数组时直接赋了初值。

```
Private Sub Button1_Click(ByVal sender As System.Object,ByVal e As System. _
EventArgs)Handles Button1.Click
    Dim a%()={12,54,6,67,38,17,81,23},n%,t%
    n=UBound(a)
```

```
        For i=0 To n
            TextBox1.Text &=a(i)& Space(1)
        Next i
        For i=0 To n\2
            t=a(i):a(i)=a(n-i):a(n-i)=t
        Next
        For i=0 To n
            TextBox2.Text &=a(i)& Space(1)
        Next i
    End Sub
```

【例 5.7】 数组元素插入。

任务描述：

界面如图 5-7 所示。在一组有序数据中，插入一个数，使这组数据仍旧有序。假定有数组 a(n)，已按递增次序排列，数据元素如图 5-8 所示，将一个数据 x 插入到数组 a 中，使数组仍然有序。

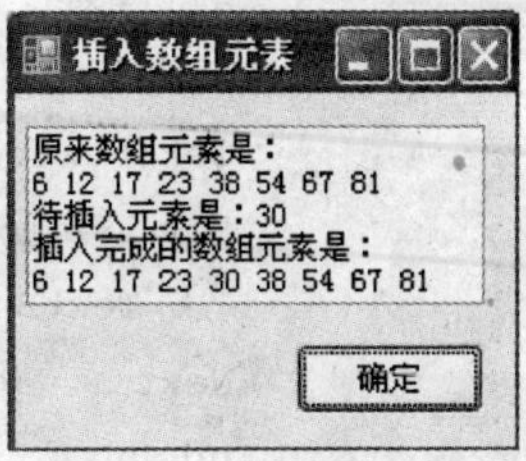

任务分析：

显然，如图 5-8 所示，元素 x 应该插入到 13 和 16 这两个元素之间。那么程序要做的事情首先是找到这个位置，假设位置用 k 表示，那么图中 k 应该是 5。确定了位置 5 后，该位置上已经有元素 16，所以，应该将 16 后面的元素整体后移一个位置，将位置 5 空出。最后将 x 的值插入到位置 5。总结一下，应该有如下步骤：

① 首先要查找待插入数据在数组中的位置 k；

② 然后从最后一个元素开始直到下标为 k 的元素依次往后移动一个位置；

③ 第 k 个元素的位置腾出，将数据插入。

图 5-7　插入数组元素

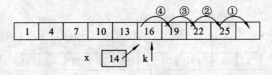

图 5-8　数组元素的插入

任务实现：

下面给出完整的代码。

```
    Private Sub Button1_Click(ByVal sender As System.Object,ByVal e As System. _
  EventArgs)Handles Button1.Click
        Dim a%()={6,12,17,23,38,54,67,81}
        Dim i%
        Dim x%=30
        TextBox1.Text="原来数组元素是:"& vbNewLine
        For i=0 To UBound(a)
```

```
        TextBox1.Text &=a(i)& Space(1)
    Next i
    TextBox1.Text &=vbNewLine &"待插入元素是:"& x & vbNewLine

    For i=0 To UBound(a)
      If a(i)>x Then Exit For          '找到位置 i
    Next i
    ReDim Preserve a(UBound(a)+1)      '增加一个数组空间,准备插入 x
    For j=UBound(a)To i+1 Step-1       '下面的循环是给 key 腾出正确的位置 i
        a(j)=a(j-1)
    Next j
    a(i)=x

    TextBox1.Text &="插入完成的数组元素是:"& vbNewLine
    For i=0 To UBound(a)
        TextBox1.Text &=a(i)& Space(1)
    Next i
End Sub
```

【例 5.8】 数组元素的删除。

任务描述:

在一组有序数据中,删除一个指定的数 x,使这组数据仍旧有序。假定有数组 a(n),已按递增次序排列,将一个元素 x 从数组 a 中删除,a 仍然有序,数组大小减 1。

任务分析:

删除操作首先也是要找到欲删除的元素的位置 k,然后从 k+1 位置开始,各元素依次向前移动,后面的元素覆盖前面的元素,直到第 n 个元素移动完成,如图 5-9 所示。当 k+1 到 n 个元素都移动完成后,第 k 个位置的元素 x 就被删除,最后将数组元素个数减 1,操作完成。

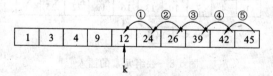

图 5-9　数组元素移动示意图

任务实现:

实现删除元素的主要代码段如下,完整的代码请读者补充。在这里假设找到要删除元素的位置是 k,原数组元素的上界是 n。

```
    For i=k+1 To n
      a(i-1)=a(i)
    Next i
    ReDim Preserve a(n-1)
```

5.1.6 使用 For Each/Next 语句访问数组

前面已经介绍了使用循环可以访问数组元素,这里介绍另一种访问方式,该访问方式可以遍历数组中所有元素,格式为:

For Each 元素 In 数组名
　　循环体
Next

其中"元素"类型应该和数组相同,或者是一个 Object 类型的变量,该变量会遍历所有的数组元素。循环的执行过程是:分别对数组中的第一个元素、第二个元素、……最后一个元素,按序执行一次循环体。

【例 5.9】 输出数组 A 中各元素及它们的和,如图 5-10 所示,文本框中第一行是数组元素,下一行是它们的和。本例中,对数组的访问用了 For Each 语句。

图 5-10　For Each 的使用

由于程序比较简单,不再分析,直接给出代码,请注意 For Each 的使用。

```
Private Sub Button1_Click(ByVal sender As System.Object,ByVal e As System. _
EventArgs)Handles Button1.Click
        Dim a%()={1,5,3,8},x,s%
        s=0
        For Each x In A              'x为变体类型,A为数组名
            TextBox1.Text &=x & Space(1)
            s=s+x
        Next
        TextBox1.Text &=vbCrLf & s
    End Sub
```

5.1.7 使用一维数组编程

【例 5.10】 选择法排序。

任务描述:

在图 5-11 右边的文本框中输入数组元素的个数 n,程序根据 n 的大小定义数组,再随机产生 n 个 20 以内的非负整数存放到数组 a 中,同时显示输出在左边的文本框中。最后用选择法将数组 a 中的元素按升序排序后接前面的输出显示在左边的文本框中。

图 5-11　选择法排序

任务分析：

本例中的核心问题是选择法排序算法。该算法的思想是，在数组数列里找到一个最小数，将它放到数组最前面；下一次排除前面找到的最小数，将剩下的数看成一个新数组数列，在里面找最小数，找到后也将它放到新数列最前面；这样下去，n 个数据，需要 n−1 次找最小数，就完成了数组的排序。具体步骤如下：

（1）在未排序的 n 个数（a(0)～a(n−1)）中找到最小数，将它与 a(0) 交换。

（2）排除找到的最小数 a(0)，在剩下的未排序的 n−1 个数（a(1)～a(n−1)）中找到最小数，将它与 a(1) 交换。

（3）如此下去，直到在剩下的 2 个数中（a(n−2)～a(n−1)）中找到最小数，将它与 a(n−2) 交换。

很明显，对于 n 个数（a(0)～a(n−1)），经过 n−1 轮挑选最小数，可以达到有序。

选择法排序过程示意图（以 n＝6 为例）如表 5-1 所示。

表 5-1　选择法排序元素移动表

原始数据	12	24	7	18	9	15
第 1 轮比较	7	24	12	18	9	15
第 2 轮比较	7	9	12	18	24	15
第 3 轮比较	7	9	12	18	24	15
第 4 轮比较	7	9	12	15	24	18
第 5 轮比较	7	9	12	15	18	24

任务实现：

参考代码如下。

```
Private Sub Button1_Click(ByVal sender As System.Object,ByVal e As System._
EventArgs)Handles Button1.Click
    Dim iMin%,n%,i%,j%,t%
    n=Val(TextBox1.Text):n=n-1
    Dim iA%(n)                        '数组的下标从 0 开始
    Label1.Text &="排序前的数据:"& vbNewLine
    For i=0 To UBound(iA)
        iA(i)=Int(Rnd()*20)
        Label1.Text &=iA(i)&"  "
    Next
    For i=0 To UBound(iA)-1           '进行 n-1 轮比较
        iMin=i                        '对第 i 轮比较,初始假定第 i 个元素最小
        For j=i+1 To n                '选最小元素的下标
            If iA(j)<iA(iMin)Then iMin=j
        Next j
        t=iA(i)                       '选出的最小元素与第 i 个元素交换
        iA(i)=iA(iMin)
```

```
            iA(iMin)=t
        Next i
        Label1.Text &=vbCrLf
        Label1.Text &=vbNewLine &"排序后的数据:"& vbNewLine
        For i=0 To UBound(iA)
            Label1.Text &=iA(i)&"  "
        Next
    End Sub
```

【例 5.11】 折半法查找。

任务描述:

数组 a 存放了 10 个已经按照从小到大排列的数据,从键盘输入一个数 Key,判断该数是否在这 10 个数内。若是,则输出这个数的下标。若不是,则显示"找不到"。

图 5-12 折半查找

任务分析:

解决查找的问题可以用顺序查找法,即逐个数据与 key 进行比较,若有匹配,则找到,否则找不到。但是这 10 个数已经有序,基于这个条件,可以用一个更快的查找算法:折半查找,或称二分查找。就是待查找数据与数列中间的数据比较,如果相等,则找到;如果比中间数据小,则在数列的前半部分查找;如果比中间数据大,则在数列的后半部分查找。一直这样迭代查找下去,直到获得结果。

算法步骤如下:

(1) 设置 Low=Lbound(a),High=Ubound(a),那么待查数据显然在 a(Low)~a(high)之间。

(2) 令 Mid=(Low+High)\2,Mid 就是中间元素的下标,将中间元素 a(Mid)与 Key 比较:

• 若 Key=a(Mid),则表示已经找到,结束循环;

• 若 Key>a(Mid),表示要找的元素在数组 a 的后半部分,改变 low 的取值,使 Low=Mid+1,High 的值不变;

• 若 Key<a(Mid),表示要找的元素在数组 a 的前半部分,改变 high 的取值,使 High=Mid-1,Low 的值不变。

(3) 如果 Low>High,数组 a 中找不到数据 key,结束循环;否则,转到(2),重复以上步骤。

任务实现:

```
    Private Sub Button1_Click(ByVal sender As System.Object,ByVal e As System._
    EventArgs)Handles Button1.Click
        Dim i%,key%,mid%,high%,low%
        Dim A%()={1,3,6,12,23,27,32,45}
        TextBox1.Text &="数组中元素为:"& vbNewLine
        For i=0 To UBound(A)
            TextBox1.Text &=A(i)&""
```

```
        Next

        key=Val(InputBox("输入要检索的数据"))
        TextBox1.Text &=vbNewLine &"待检索数据是:"& key & vbNewLine

        low=0:high=UBound(a)
        Do While high>=low
            mid=(low+high)\ 2
            If key=A(mid)Then Exit Do
            If key>A(mid)Then
                low=mid+1
            Else
                high=mid-1
            End If
        Loop
        If low>high Then
            TextBox1.Text &="找不到数据"& key & vbNewLine
        Else
            TextBox1.Text &="已找到,在数组中第"& mid+1 & "位置"& vbNewLine
        End If
    End Sub
```

　　本节内容与前面的章节相比,稍显复杂。其中用到了循环结构和数组的运用,还涉及到一些算法。这些算法都是在学习程序设计过程中会碰到的一些基本和经典的算法,应该掌握,并熟练运用,对理解程序设计思想和提高程序设计能力,很有帮助。

5.2　二维数组的定义和引用

5.2.1　二维数组的引入

　　【例 5.12】　二维数组的生成和求和。

图 5-13　二维矩阵求和

任务描述:

　　程序生成两个 4×4 的矩阵 A 和 B,求出它们的和 C,将和矩阵 C 输出,如图 5-13 所示。

任务分析:

　　前面所用到的数组都是一维的,是线性的,用单重循环可以访问到数组的每一个元素。这里要生成一个方阵数据,有行和列,所以用一维数组不好处理,用二维数组就比较容易实现了,而且二维数组的处理通常是跟二重循环的处理结合的,那么用到双重循环的循环变量表示矩阵数据的行和列,会更方便。

任务实现：

我们直接引入代码，读者可以先看看二维矩阵的简单应用。

```
Private Sub Button1_Click(ByVal sender As System.Object,ByVal e As System._
EventArgs)Handles Button1.Click
        Dim a%(3,3),b%(3,3),c%(3,3)
        For i=0 To 3
            For j=0 To 3
                a(i,j)=Int(Rnd()*20)
                b(i,j)=Int(Rnd()*20)
            Next
        Next
        Label1.Text &="矩阵 A 为:"& vbNewLine
        For i=0 To 3
            For j=0 To 3
                Label1.Text &=a(i,j)& Space(2)
            Next j
            Label1.Text &=vbNewLine
        Next i
        Label1.Text &="矩阵 B 为:"& vbNewLine
        For i=0 To 3
            For j=0 To 3
                Label1.Text &=b(i,j)& Space(3)
            Next j
            Label1.Text &=vbNewLine
        Next i
        For i=0 To 3
            For j=0 To 3
                c(i,j)=a(i,j)+b(i,j)
            Next j
        Next i
        Label1.Text &="矩阵和为:"& vbNewLine
        For i=0 To 3
            For j=0 To 3
                Label1.Text &=c(i,j)& Space(3)
            Next j
            Label1.Text &=vbNewLine
        Next i
    End Sub
```

上述代码看起来比较长，但是处理过程并不复杂，主要是矩阵的生成、显示和求和，让读者初步领会二维数组的使用。

5.2.2　二维数组的定义和初始化

一维数组是一个线性表,只能表示一维数据,要表示一个平面、矩阵,需要用到二维数组,同样表示三维空间就需要三维数组。比如,表示、存放一本书的内容,就需要一个三维数组,分别以页、行、列号表示。

声明多维数组形式如下:

Dim 数组名(下标1上界[,下标2上界…])[As 类型]

其中:

下标个数:决定了数组的维数,在 VB. NET 中最多允许有 32 维数组。

每一维的大小:上界+1,数组的大小是每一维大小的乘积。

例如,如下数组声明:

Dim　a%(2,3)

这是一个3行4列的数组,共有32个元素,在内存中连续存放,其相关位置如表5-2所示。

表 5-2　二维矩阵元素位置表

	第 0 列	第 1 列	第 2 列	第 3 列
第 0 行	A(0,0)	A(0,1)	A(0,2)	A(0,3)
第 1 行	A(1,0)	A(1,1)	A(1,2)	A(1,3)
第 2 行	A(2,0)	A(2,1)	A(2,2)	A(2,3)

如下的定义方式也是正确的:

* 不指定类型

Dim　a(2,3)

* 以 New 子句定义一个指定大小的数组

Dim　sArr(,)　as　String=New　String(2,3){}

* 用 New 子句定义一个不指定大小的数组

Dim　sArr(,)　as　String=New　String(,){}

* 定义并初始化数组元素

Dim　a(,)as Integer=New Integer(,){{5,6},{7,8}}

如下的定义方式是错误的:

* Dim a(2,1)as Integer=New Integer(,)

New 之前不能指定数组长度

* Dim a(,)As Integer=New　Integer(,)

Dim a(,)As Integer=New　Integer(2,1)

New 后面没有大括号

* Dim a(,)　as Integer=New String(2,3){}

前后数据类型不一致

5.2.3　Ubound 函数

如果在程序中，需要引用到数组的大小，可以用 Ubound 函数来取得，这个函数在前面的例题中多次出现过，现在来总结一下。

格式：UBound(数组名[,维度])

例如：

Dim　a%(5),b%(3,8)

UBound(a)　　　　　　　'取数组 a 的上界,值为 5

UBound(b,1)　　　　　　'取数组 b 的第一维的上界,值为 3

UBound(b,2)　　　　　　'取数组 b 的第二维的上界,值为 8

UBound(b)　　　　　　　'省略维度,则默认取数组 b 的第一维的上界 3

LBound 函数与 UBound 函数的格式相同,其功能是取数组的下界值,由于数组的任一维的下界值都是从 0 开始,因此 LBound 函数的返回值都是 0。

例如：LBound(a),LBound(b,2)结果都是 0。

5.2.4　使用二维数组编程

将二维数组的行下标和列下标分别作为循环变量,通过二重循环就可以遍历二维数组,即访问二维数组的所有元素。由于二维数组的元素在内存中按行优先方式存放,将行下标作为外循环的循环变量,列下标作为内循环的循环变量,可以提高程序的执行效率。

【例 5.13】　二维数组的输出。

任务描述：

生成并输出一个如图 5-14 的 4×4 方阵,然后分别输出方阵中各元素和上三角元素、下三角元素。

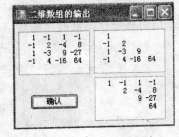

图 5-14　二维数组输出

任务分析：

① 从产生的 4×4 方阵中可看出其规律是：假设任意一行行号以 i(0~3)表示,任意一列列号以 j(0~3)表示,那么 i 行 j 列处的元素绝对值大小为 $(i+1)^j$。元素的正负号在行和列中是相间的,所以该元素为 $(-1)^{(i+j)} * (i+1)^j$。

② 显示下三角。规律是每一行的元素个数与行号成比例线性相关,只需要输出对角线及其左边的元素即可,可通过控制内循环的终值实现。

③ 显示上三角。规律是只需要输出对角线及其右边的元素即可,可通过控制内循环的初值实现。但是要注意每行的元素并不是从起始列开始输出的,前面有若干空格,这些空格可以用 space 函数来控制。

④ 为了使每一个元素输出的宽度占 4 位,可以利用"Space(4−Len(CStr(a(i,j))))"表达式控制输出的空格数,"Len(CStr(a(i,j)))"表示求 a(i,j)元素的实际位数。

任务实现：

(1) 生成第一个文本框中的矩阵,并显示输出,程序代码如下。

```
Private Sub Button1_Click(ByVal sender As System.Object,ByVal e As System._
EventArgs)Handles Button1.Click
        Dim a%(3,3),i%,j%
        For i=0 To 3
            For j=0 To 3
                a(i,j)=(-1)^(i+j)*(i+1)^j
                TextBox1.Text &=Space(4-Len(CStr(a(i,j))))& a(i,j)
            Next
            TextBox1.Text &=vbCrLf
        Next
    End Sub
```

（2）显示下三角。

只需要将内循环的范围变成 for j＝0 to i 就可以了。

```
For i=0 To 3
    For j=0 To i
        a(i,j)=(-1)^(i+j)*(i+1)^j
        TextBox2.Text &=Space(4-Len(CStr(a(i,j))))& a(i,j)
    Next
    TextBox2.Text &=vbCrLf
Next
```

（3）显示上三角。

除了将内循环的范围变成 for j＝i to 3 外，还要在其前面加上显示空格的语句，因为下三角的每一行元素前面都有空格，行号越大，空格数越多。程序段为：

```
For i=0 To 3
    TextBox3.Text &=Space(4*i)
    For j=i To 3
        a(i,j)=(-1)^(i+j)*(i+1)^j
        TextBox3.Text &=Space(4-Len(CStr(a(i,j))))& a(i,j)
    Next
    TextBox3.Text &=vbCrLf
Next
```

5.3　结构数组的定义和引用

5.3.1　结构数组的引入

【例 5.14】　建立一个会员通信录的数据录入和显示输出程序。

任务描述：

程序界面设计如图 5-15 所示，在左边的 5 个文本框中输入联系人信息，点击"添加"按钮，将信息存放到结构数组中，添加人数不受限制。点击"显示"按钮，将刚才添加的信息显示在右边的只读文本框中。

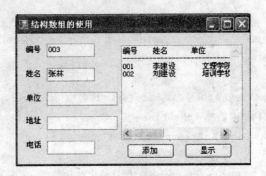

图 5-15　结构数组的使用

任务分析：

　　根据我们所学的知识，一个数组元素存放一个简单数据，按照这种形式，我们需要定义 5 个数组，存放联系人的 5 个信息分量：编号、姓名、单位、地址和电话。若要对它们的操作，就是对 5 个数组分别操作。在这里，我们可以使用结构数组，这类数组的一个元素可以包含 5 个分量，对这样一个结构数组元素的操作就是同时对 5 个分量的操作。结构数组就是结构类型的数组，而结构类型是一种用户自己定义的数据类型，自定义结构类型后，可以将变量和数组定义成这种结构类型的数据。

　　任务实现：

　　由于我们只是简单地展示结构数组的使用，所以我们直接给出代码，请读者对比看看，跟普通数组的使用有什么不同。

```
        Structure mycontact                  '自定义结构类型 mycontack
            <VBFixedString(5)>Dim sno As String
            <VBFixedString(10)>Dim sname As String
            <VBFixedString(20)>Dim depart As String
            <VBFixedString(20)>Dim addr As String
            <VBFixedString(10)>Dim tel As String
        End Structure
        Dim person()As mycontact          '将 person 数组定义成 mycontact 类型
        Dim n%
        Private Sub Button1_Click(ByVal sender As System.Object,ByVal e As System._
    EventArgs)Handles Button1.Click
            ReDim Preserve person(n)
            With person(n)                   '对 person(n)的 5 个分量分别赋值
                .sno=TextBox1.Text:TextBox1.Text=""
                .sname=TextBox2.Text:TextBox2.Text=""
                .depart=TextBox3.Text:TextBox3.Text=""
                .addr=TextBox4.Text:TextBox4.Text=""
                .tel=TextBox5.Text:TextBox5.Text=""
            End With
            n=n+1
        End Sub
```

```
    Private Sub Button2_Click(ByVal sender As System.Object,ByVal e As System. _
EventArgs)Handles Button2.Click
        Dim i%
        TextBox6.Text="编号"& Space(4)& "姓名"& Space(6)& 单位"& Space(16)&" _
地址"& Space(16)& "电话"& vbNewLine
        TextBox6.Text &=StrDup(70,"-")& vbNewLine

        For i=0 To UBound(person)    '循环输出结构数组 person 的各个元素
            With person(i)
                TextBox6.Text &=.sno & Space(8-Len(.sno))
                TextBox6.Text &=.sname & Space(10-Len(.sname))
                TextBox6.Text &=.depart & Space(20-Len(.depart))
                TextBox6.Text &=.addr & Space(20-Len(.addr))
                TextBox6.Text &=.tel & Space(10-Len(.tel))& vbNewLine
            End With
        Next
    End Sub
```

5.3.2　结构型变量

数组是能够存放一组性质相同的数据的集合。例如,一批学生某门课的考试成绩、某些产品的销售量等。但若要同时表示学生的一些基本信息,例如姓名、性别、出生年月、电话号码、所在学校等若干项信息,简单数组就不能处理。每项信息的含义不同,数据类型也不同,但要同时作为一个整体来描述和处理,在 VB. NET 中通过系统提供的“Structure”结构类型来解决。

1. 结构类型名的定义

定义形式如下:

Structure 结构类型名
　　成员名声明
End Structure

其中:

成员名:表示结构类型中的成员,用一个或多个 Dim(包括 public 和 Private 等)语句声明。

结构类型名:用户自己定义的类型名。

例如,以下代码定义了一个有关学生信息的结构类型 StudType,包含有 4 个分量:

```
    StructureStudType
        dimsName As String
        Dim Sex As Char
        Dim Telphone As Long
```

```
    Dim School As String
  End Structure
```

注意:①结构类型不能在过程内部定义。②必须显式声明结构的每一数据成员。

2. 声明

结构型变量的声明和普通变量的声明格式是一样的,不同的是,声明的类型不是 VB. NET 系统具有的,而是用户根据需要自己定义的,比如上面的 StudType 就是一个学生记录类型。假设 Employee 是一个职工记录类型,有了这些类型,就可以基于它们进行变量声明。

```
Dim t as employee              't 为 employee 记录类型变量
Dim worker(10) as employee     'worker 为 employee 记录类型数组
Dim student,freshman As StudType   'student 和 freshman 是 StudType 类型
```

3. 引用

要引用结构类型变量中的某个成员,其形式如下:

　　　结构类型变量名. 成员名

例如,要表示 student 变量中的姓名、性别,则表示如下:

```
student.Name,student.Sex
```

但若要逐一表示 student 变量中的每个成员,则这样书写太烦琐,可利用 With 语句进行简化,With 语句语句形式如下:

With 变量

　　语句块

End With

作用:With 语句可以对某个变量执行一系列的操作,而不用重复指出变量的名称。

例如,对 student 变量的各成员赋值,然后再把各成员的值给同类型的 MyStud 变量,有关语句如下:

方法一　用 With 语句

```
With student               '对结构类型变量赋值
    .Name="Zhang Ning"
    .Sex="女"
    .Telephone=73278121
    .School="华中农业大学"
End With
freshman=student           '将一个结构类型变量的值赋给另外一个同类型的结构类型变量
```

方法二　不用 With 语句

```
student.Name="Zhang Ning"
student.Sex="女"
student.Telephone=73278121
student.School="华中农业大学"
freshman=student
```

通过上述内容可以看到：

① 在 With 变量名...End With 之间，可省略变量名，仅用点"."和成员名表示即可，这样可省略同一变量名的重复书写。

② 在 VB. NET 中，也提供了对同种结构类型变量的直接赋值，它相当于将一个变量的各成员的值对应地赋值给另一个变量中的成员。

5.3.3　结构型数组的应用

【例 5.15】　职工信息管理程序。

任务描述：

一个职工的信息包括职工号、姓名、工资。声明一个职工类型的数组，输入 n 个职工的数据；要求按工资递减的顺序排序，并显示排序结果，每个职工一行；输入职工的工号，能够查询职工的其他信息，界面设计如图 5-16 所示。

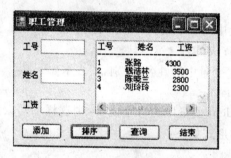

图 5-16　职工管理程序界面

任务分析：

本例是在例 5.14 的基础上进行的功能扩展，增加了排序和查询的功能。首先定义结构类型 employee，然后定义该类型的变量数组 worker，worker 数组中有 3 个分量：工号、姓名和工资。在左边 3 个文本框中输入职工信息的 3 个分量后，点击"添加"按钮，数据添加到数组 worker 中；点击"排序"按钮，数组中记录按工资递减排序，用选择法排序算法，将排序结果显示在右边文本框中；点击"查询"按钮，弹出 InputBox 框，在 InputBox 框中输入工号，返回该工号职工的其他信息。"结束"按钮功能简单，不再赘述。本例中为了方便，对 worker 数组的 0 下标元素没有引用，而是直接从下标为 1 的元素开始引用的。

任务实现：

1. 结构类型和变量的定义

```
Structure employee
    Dim No As String
    <VBFixedString(10)>Dim Name As String
    Dim wage As Single
End Structure
Dim worker()As employee
Dim n%
```

2. 数据的添加事件过程

```
Private Sub Button1_Click(ByVal sender As System.Object,ByVal e As System._
EventArgs)Handles Button1.Click
    n=n+1
    ReDim Preserve worker(n)          '此处数组是从下标 1 开始引用
    worker(n).No=TextBox1.Text:TextBox1.Text=""
    worker(n).Name=TextBox2.Text:TextBox2.Text=""
    worker(n).wage=Val(TextBox3.Text):TextBox3.Text=""
End Sub
```

3. 结构数组的排序并显示

```
Private Sub Button2_Click(ByVal sender As System.Object,ByVal e As System._
EventArgs)Handles Button2.Click
    Dim i%,j%
    Dim t As employee
    For i=1 To n-1              '用选择法降序排序
        For j=1 To n-i
            If worker(j).wage<worker(j+1).wage Then
                t=worker(j):worker(j)=worker(j+1):worker(j+1)=t
            End If
        Next
    Next
    TextBox4.Text="工号"& Space(6)& "姓名"& Space(6)& "工资"& vbNewLine
    TextBox4.Text &=StrDup(30,"-")& vbNewLine         '输出表头
    For i=1 To n              '按每行一个记录,循环输出 worker 数组中的所有元素
        TextBox4.Text &=worker(i).No & Space(6)& worker(i).Name & Space(6)_
& worker(i).wage & vbNewLine
    Next
End Sub
```

4. 查询事件过程

```
Private Sub Button3_Click(ByVal sender As System.Object,ByVal e As System._
EventArgs)Handles Button3.Click
    Dim num%,i%
    num=InputBox("请输入工号")
    TextBox4.Text="工号"& Space(6)& "姓名"& Space(6)& "工资"& vbNewLine
    TextBox4.Text &=StrDup(30,"-")& vbNewLine
    For i=1 To n              '用顺序查找法查找输入的工号 num
        If worker(i).No=num Then Exit For
    Next
    If i<=n Then
        TextBox4.Text &=worker(i).No & Space(6)& worker(i).Name & Space(6)_
```

```
                & worker(i).wage & vbNewLine
                    Else
                        MsgBox("查无此人！")
                    End If
                End Sub
```

5.4　用数组方法对数组元素进行操作

5.4.1　数组排序

格式：Array. Sort(数组 1[，数组 2，])

功能：对数组 1 按升序排序，如果还有多个数组名，那么后面的数组按数组 1 的排列顺序来排序。

说明：该方法只能对一维数组进行按升序排序；如果需要降序排序，则需要先升序排序后，用另一个方法 Reverse 将数组反转。

【例 5.16】 对整型数组 score 按升序排序

```
Dim score%()={78,92,67,86,83},i%
Array.Sort(score)
For i=0 To 4
    Label1.Text &=score(i)& Space(2)
Next
```

输出结果为：

67　78　83　86　92

【例 5.17】 有以下姓名和分数数组，将分数按升序排序，姓名数组相应变动

```
Dim sname()As String={"david","jack","stone","mary","John"}
Dim score()As Integer={78,92,67,86,83}
Dim i%
Array.Sort(score,sname)
For i=0 To 4
    Label1.Text &=sname(i)&":"& score(i)& vbNewLine
Next
```

输出结果为：

stone：67

david：78

John：83

mary：86

jack：92

5.4.2　数组的倒转

格式：Array. Reverse(数组名)

功能:将数组中的元素倒序。

【例 5.18】 将上例中的学生姓名和成绩按成绩由大到小的顺序显示输出。

```
Dim sname()As String={"david","jack","stone","mary","John"}
Dim score()As Integer={78,92,67,86,83}
Dim i%
Array.Sort(score,sname)
Array.Reverse(score)
Array.Reverse(sname)
For i=0 To 4
    Label1.Text &=sname(i)&":"& score(i)& vbNewLine
Next
```

输出结果为:

jack:92

mary:86

John:83

david:78

stone:67

5.4.3 数组的搜索

格式:Array.IndexOf(数组,查询值[,起始下标[,搜寻距离]])

功能:在数组中,从指定的起始下标开始,在一定的搜寻距离内,查询指定数据,如果找到,则返回该元素在数组中的下标,否则,返回-1。

说明:

• 该方法传回的是一个数值。

• 起始下标可以省略,省略时,从下标 0 开始查找;搜寻距离也可以省略,省略时在整个数组中查找。

例如:

```
Dim score()as Integer={78,92,67,86,83}
Dim pos1%,pos2%,pos3%
Pos1=Array.IndexOf(score,67)          '返回结果是 2
Pos2=Array.IndexOf(score,67,3)        '返回结果是-1
Pos3=Array.IndexOf(score,67,1,3)      '返回结果是 2
```

5.4.4 其他数组常用方法和语句

1. Filter 筛选

格式:Res=Filter(Source,Match[,Include][,Compare])

功能:查找字符串数组 Source 中包含子串 Match 的字符串元素,返回的是 Source 的子数组,由字符串数组 Res 接收。

说明:

· Source 必须是一维的字符串数组,Res 也是一个接收返回结果的字符串数组。

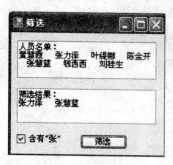

· Match 是一个字符串。

· Include 可以取值 True 或 False。取值 True,返回包含指定子串 Match 的数组元素,取值 False,返回不包含指定字串 Match 的数组元素。默认取值为 True。

· Compare 指定的比较方式,可以取两种值:

CompareMethod. Text:文本方式比较,不区分大小写。

CompareMethod. Binary:二进制比较,区分大小写。

图 5-17　筛选程序界面

【例 5.19】　在一份人员名单中,过滤出姓名中有"张"字的人,界面设计如图 5-17 所示。

```
Dim fname$ ()={"黄慧霞","张力泽","叶缇娜","陈金开","张慧蓝","钱西西","刘桂生"}
Dim fRes()As String=New String(){}

Private Sub Form1_Load(ByVal sender As System.Object,ByVal e As System. _
EventArgs)Handles MyBase.Load
    TextBox1.Text &="人员名单:"& vbCrLf
    For Each fc In fname        '将 fname 中的名单显示输出到 TextBox1 中
        TextBox1.Text &=fc & Space(3)
    Next
    TextBox1.Text &=vbCrLf
End Sub
Private Sub Button1_Click(ByVal sender As System.Object,ByVal e As System. _
EventArgs)Handles Button1.Click
    fRes=Filter(fname,"张",CheckBox1.Checked)       'fRes 数组得到筛选结果
    If fRes.GetLength(0)=0 Then
        TextBox2.Text &="没有找到!"& vbCrLf
    Else
        TextBox2.Text &="筛选结果:"& vbCrLf
        For Each fc In fRes                          '显示输出筛选结果
            TextBox2.Text &=fc & Space(3)
        Next
        TextBox2.Text &=vbCrLf
    End If
End Sub
```

2. CopyTo 复制

格式:source. CopyTo(dest,k)

功能:将数组 source 中的元素复制到 dest 数组中,在 dest 数组中从下标 k 开始存放。

例如:

```
Dim a()={"a","g","t","e"}
Dim b$ (3)
a.Copyto(b,0)        'b 的内容={"a","g","t","e"}
```

3. GetLength 取长度

格式：a. GetLength(n)

说明：a 为任意数组，n 为 a 的第几维，这里 n 的取值从 0 开始，取值为 0 表示第 1 维。

功能：取 a 数组第 n 维的长度。

```
Dim arr%(3,4)
L=arr.Getlength(1)          '取数组 arr 的第 2 维的长度,值为 5
```

4. Array. Rank 取维度

格式：Array. Rank(a)

说明：a 为任意数组。

功能：取 a 数组的维数。

```
Dim arr%(3,4)
L=Array.Rank(arr)           'L 取数组 arr 的维数,此处值为 2
```

5. Array. Clear

格式：Array. Clear(arr,index,len)

说明：arr 为任意数组，index 指定起始下标，len 为指定元素个数。

功能：在数组 arr 中，从 index 开始，清除 len 个元素的值。

```
Dim str$ ()={"uuu","ttt","ddd","hhh","eee"}
Array.Clear(str,1,2)
```

结果：

```
Str={"uuu","","","hhh","eee"}
```

6. Erase 语句

格式：Erase　数组

功能：清除指定数组的内容，并释放内存。

说明：清除后的数组，可以用 redim 语句重新定义，但是重新定义的数组虽然名称与已删除数组的名称相同，但是已经是一个全新的数组了。

7. IsArray 函数

格式：IsArray(变量名称)

功能：判断某个变量是不是数组变量，返回 True 或 False 值。

例如：

```
Dim s() as string
Dim k() as integer=new integer(){5,8,12,7,9,34}
Dim t(5)as integer
Dim n as integer
```

结果：

IsArray(s)结果为 False　　　'此处 s()没有确定大小,所以还不是一个完整定义的数组,返回 False 值。如果定义时确定大小或者用 Redim 重新定义大小,则返回 True 值。

　　IsArray(k)结果为 True

　　IsArray(t)结果为 True

　　IsArray(n)结果为 False

5.5　ListBox 控件和 ComboBox 控件

5.5.1　属性、事件和方法

1. 重要属性

1) Items

该属性的值是一个集合,通过它可以获取存储在当前列表框或组合框中的选项,Items 中选项的序号是从 0 开始的,即第一个项目的序号是 0。例如,在图 5-18 中,

ListBox1. Items(0)的值为"沈星星",ListBoxl. Items(3)的值为"陈雅伦"。Items 属性既可以在设计状态时设置,也可以在程序中设置或引用。

　　2) SelectedIndex

该属性只能在程序中设置或引用。

SelectedIndex 的值表示在程序运行时被选定的选项的序号。如果未选中任何选项,则 SelectedIndex 为 -1。在图 5-18 中,"李彦周"被选定,ListBox1. SelectedlIndex 的值为 1。

图 5-18　ListBox 数据操作

3) SelectedIndices

取得被选的所有选项的索引值,返回值是一个集合,这个集合的数量可以用 SelectedIndices. Count 取得,具体的第 i 项的内容为 ListBox1. SelectedIndices(i)。

4) Selected. Items

取所有选项的内容,返回值是一个集合,这个集合的数量可以用 SelectedItems. Count 取得,具体的第 i 项的内容为 ListBox1. SelectedItems(i)。

5) Items. Count

该属性只能在程序中设置或引用。

Items. Count 的值是列表框或组合框中选项的数量。Items. Count-1 表示最后一项的序号。

6) Sorted

该属性可以在设计状态时设置,也可以在程序中设置或引用。

Sorted 属性决定在程序运行期间列表框或组合框的选项是否按字母表顺序排序。如果 Sorted 为 True,则选项按字母表顺序显示;如果 Sorted 为 False,则选项按加入的先后顺序显示。

7) Text

该属性只能在程序中设置或引用,没有出现在属性窗口中。

Text 属性值是最后一次被选定的选项的文本内容。

注意：ListBox1. Items（ListBoxl. SelectedIndex）等于 ListBox1. Text。例如，在图 5-18中，"李彦周"被选定，ListBoxl. SelectedIndex 为 1。ListBox1. Items（ListBox1. SelectedIndex）="李彦周"。

2. 常用方法

列表框和组合框中的选项可以简单地在设计状态时通过 Items 属性来设置，也可以在程序中用 Items 的各个方法来添加或删除。

1）添加项

· Items. Add 方法

该方法把一个选项加入列表框或组合框。其形式如下：

对象. Items. Add（NewItem）

例如：Listbox1. Items. Add（"周海涛"）　　　'将"周海涛"添加到 listBox1 中

· Items. Insert 方法

该方法在列表中指定位置插入字符串或对象。形式如下：

对象. Items. Insert（Index，NewItem）

例如：Listbox1. Items. Insert（4，"黄明"）　　　'将黄明插入到 listbox1 的第 4 个位置，索引值为 3

· Items. AddRange 方法

将整个数组的值赋给 Items 集合。其形式如下：

对象. Items. Addrange（数组）

例如：Listbox1. Items. AddRange（arr）　　　'将数组 arr 的内容添加到 ListBox1 中

2）删除项

· Items. Remove 方法

该方法用于从列表框或组合框中删除指定的选项。其形式如下：

对象. Remove（选项）

例如：ListBox1. Remove（"华成"）　　　　　'将选项"华成"从 ListBox1 中删除

· Items. RemoveAt 方法

该方法用于从列表框或组合框中删除指定位置的选项。其形式如下：

对象. RemoveAt（Index）

其中，Index 表示欲删除的选项在列表框或组合框中的位置。对于第一个选项，Index 值为 0。

例如：ListBox1. RemoveAT（4）　　　　　'将删除索引值为 4 的选项

· Items. Clear 方法

该方法用于消除列表框或组合框中的所有选项。其形式如下：

对象. Items. Clear

例如：ListBox1. Items. Clear　　　　　　'将清除 ListBox1 中所有选项

3. 重要事件

1) Click 和 DoubleClick

列表框能响应 Click 和 DoubleClick 事件,组合框也能响应 Click 事件,但是不能接收 DoubleClick 事件。

2) SelectedIndexChanged

这是在 SelectedIndex 属性更改(改变选择项目)后发生的事。

5.5.2 用 ListBox 控件编程

【例 5.20】 ListBox 数据的操作

任务描述:

现有一份人员名单,显示在 ListBox 中,选中任何一项都可对其进行添加、删除、修改。

任务分析:

本例可以通过 ListBox 的相关属性和方法来实现,界面设计见图 5-18。点击"添加"按钮,将右上方文本框中的文字添加到左边的 ListBox 中,可以用 Add 方法;在左边的 ListBox 中选中操作对象,点击"删除"按钮,将会删除掉选中的目标,可以用 Remove 方法实现;选中目标后,点击"修改"按钮,选中的目标显示在右上方的文本框中等待修改,点击"修改确定"按钮后,文本框中修改完成的内容加入到 ListBox 中刚才选中的位置,这里可以用到 SelectItem 属性。

任务实现:

1) 显示名单到 ListBox1 中的事件过程

```
Private Sub Form1_Load1(ByVal sender As Object,ByVal e As System.EventArgs) _
Handles Me.Load
        ListBox1.Items.Add("沈星星")
        ListBox1.Items.Add("李彦周")
        ListBox1.Items.Add("王鹤鸣")
        ListBox1.Items.Add("陈雅伦")
        ListBox1.Items.Add("胡思南")
        ListBox1.Items.Add("金童天")
        Button4.Enabled=False
    End Sub
```

2) 添加新的名单到 ListBox1 的事件过程

```
Private Sub Button1_Click(ByVal sender As System.Object,ByVal e As System. _
EventArgs)Handles Button1.Click
        ListBox1.Items.Add(TextBox1.Text)
        TextBox1.Text=""
    End Sub
```

3）删除选中名单的事件过程

```
Private Sub Button2_Click(ByVal sender As System.Object,ByVal e As System. _
EventArgs)Handles Button2.Click
        ListBox1.Items.RemoveAt(ListBox1.SelectedIndex)
    End Sub
```

4）修改选中名单的事件过程

```
Private Sub Button3_Click(ByVal sender As System.Object,ByVal e As System. _
EventArgs)Handles Button3.Click
        TextBox1.Text=ListBox1.SelectedItem      '将选定的选项送文本框供修改
        TextBox1.Focus()
        Button1.Enabled=False
        Button2.Enabled=False
        Button3.Enabled=False
        Button4.Enabled=True
    End Sub
    Private Sub Button4_Click(ByVal sender As Object,ByVal e As System.EventArgs) _
Handles Button4.Click
            '将修改后的选项送回列表框,替换原项目,实现修改
        ListBox1.Items(ListBox1.SelectedIndex)=TextBox1.Text
        TextBox1.Text=""
        Button1.Enabled=True
        Button2.Enabled=True
        Button3.Enabled=True
        Button4.Enabled=False
    End Sub
```

【例 5.21】 选择程序设计语言课程。

任务描述：

在组合框中选择要选修的程序设计语言课程,选定后,该课程名称显示在组合框下面的标签中。界面设计如图 5-19 所示。

图 5-19 组合框

任务分析：

可以用 ComboBox 控件的属性设置实现。

任务实现：

```
Private Sub ComboBox1_SelectedIndexChanged(ByVal sender As System.Object, _
ByVal e As System.EventArgs)Handles ComboBox1.SelectedIndexChanged
    Select Case ComboBox1.SelectedIndex
        Case 0
            Label1.Text="你选择了 Visual Basic!"
        Case 1
            Label1.Text="你选择了 Visual C++!"
        Case 2
```

```
            Label1.Text="你选择了 Delphi!"
      End Select
End Sub
```

5.6　综合实训——奇数魔方阵问题

【例 5.22】　编写程序,输出任意 n×n 魔方阵,n 为奇数。

任务描述：

魔方阵是一个 n×n 的二维数组,其中 n 为奇数,方阵中的每一个数据的取值范围在 $1 \sim n^2$ 之间,并且方阵中每行、每列及对角线上所有数字的总和都相同。例如,一个 3×3 的魔方阵：

```
8  1  6
3  5  7
4  9  2
```

该方阵中的任意数字取值都在[1,9]中,方阵的任意一行、列及对角线元素和为 15。

任务分析：

该方阵应该用二维数组存放,所以首先要定义 n×n 的二维数组。其次是二维矩阵元素的生成,这些元素的值必须符合魔方阵条件。产生魔方阵的算法不止一种,这里给读者介绍"右上斜行法"。其算法具体步骤是：

(1) 将 1 放在第一行中间一列,如图 5-20 所示,①位置应该放数字 1。

(2) 从 2 开始直到 n×n 止各数依次按下列规则存放：

从元素 1 开始,按 45°方向向右上行走,即每一个数存放的行比前一个数的行数减 1,列数加 1,如果行列范围超出矩阵范围,则回绕。回绕的规则是,如果行超出,则行回绕到最后一行,列不变;若列超出,则列回绕到第一行,行不变;如果都超出,则都回绕。

如图 5-20 所示,①位置的右上 45°方向是②,但是②超出了矩阵范围,所以要回绕。根据回绕规则,此时②位置行超出列未超出,所以行回绕到第 3 行,而列不变,保持为 3,即方阵中右下位置。

(3) 如果填入的数是 n 的倍数,则下一个数填到该数的下一行,然后继续按(2)的规则填入其他数,直到填满方阵。

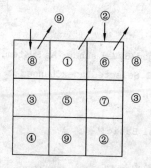

图 5-20　奇数魔方阵

图 5-21　奇数魔方阵

任务实现：

（1）根据以上分析，设置界面如图 5-21 所示，由文本框输入 n 值。然后根据 n 值产生魔方阵。显示输出在左边文本框中。

（2）程序代码。

```
Private Sub Button1_Click(ByVal sender As System.Object,ByVal e As System._
EventArgs)Handles Button1.Click
        Dim n%,m%,i%,j%
again:n=Val(InputBox("请输入一个奇数"))
        If n Mod 2=0 Then GoTo again

        m=n*n
        n=n-1
        Dim a%(n,n)
        i=0:j=n\2
        Dim k%=1
        Do While(k<=m)
            If i=-1 Then i=n           '行向上超界,行回旋
            If j=n+1 Then j=0          '列向右超界,列回旋
            a(i,j)=k                   '给数组方阵填数
            If(k Mod(n+1))=0 Then      '当前数是行号的倍数,行号下移,否则,行上移,列右移
                i=i+1
            Else
                i=i-1
                j=j+1
            End If
            k+=1
        Loop

        For i=0 To n
            For j=0 To n
                TextBox1.Text &=CStr(a(i,j))& Space(4-Len(CStr(a(i,j))))
            Next
            TextBox1.Text &=vbNewLine
        Next
End Sub
```

5.7　自主学习——冒泡法排序

【例 5.23】　冒泡法排序。

任务描述：

将数组 a 中的元素显示输出在标签中，然后对其用冒泡法进行升序排序，排序后的结

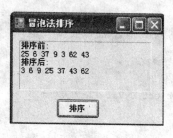

图 5-22　冒泡法排序

果也显示在标签中，如图 5-22 所示。

任务分析：

该问题的核心任务是用冒泡法排序。冒泡法的基本思想是，数组中相邻前后元素两两比较，本任务中是升序排序，那么当前数大于后数时，交换两数。数组中所有数据都处理一遍后，最大数在最后面，即大数沉底。排除最后的最大数，重复前面的步骤，这样每次都可以找到一个最大数，放在本轮比较数列的最后。如果有 n 个数据，做完 n−1 遍大数沉底，这列数据就是升序的。步骤如下：

（1）在未排序的 n 个元素（a(0)～(n−1)）中，从第 1 个元素开始，依次将数组中前后相邻的元素两两比较，如果前一个元素大于后一个元素，将它们交换，直到最后两个元素，这一趟比较和交换完成后，找到了最大的元素，已经处于最后的位置。

（2）在剩下的 n−1 个元素（a(0)～(n−2)）中，重复做刚才的工作，也可以找到一个最大的元素，比较和交换完成后，处于倒数第 2 的位置，即 a(n−2) 的位置。

（3）如此下去，直到在最后的两个相邻元素（a(0)～a(1)）中进行比较，较大的放在 a(1) 位置。

很明显，n 个数（a(0)～a(n−1)），经过 n−1 轮前后两两比较和交换，可以达到有序。冒泡法排序过程示意图如表 5-3 所示。

表 5-3　冒泡法排序过程

原始数据	18	15	24	9	7	12
第 1 轮比较	15	18	9	7	12	24
第 2 轮比较	15	9	7	12	18	24
第 3 轮比较	9	7	12	15	18	24
第 4 轮比较	7	9	12	15	18	24
第 5 轮比较	7	9	12	15	18	24

任务实现：

参考代码如下：

```
Private Sub Button1_Click(ByVal sender As System.Object,ByVal e As System. _
EventArgs)Handles Button1.Click
    Dim a%()={25,6,37,9,3,62,43}
    Dim i%,j%,t%
    Label1.Text &="排序前:"& vbNewLine
    For i=0 To UBound(a)
        Label1.Text &=a(i)& Space(1)
    Next i

    For i=1 To UBound(a)
        For j=0 To UBound(a)-i
```

```
            If a(j)>a(j+1)Then t=a(j):a(j)=a(j+1):a(j+1)=t
        Next j
    Next i

    Label1.Text &=vbNewLine &"排序后:"& vbNewLine
    For i=0 To UBound(a)
        Label1.Text &=a(i)& Space(1)
    Next i
End Sub
```

思 考 题 五

1. 什么是数组？如何改变数组大小？

2. VB. NET 中的数组与其他语言中的数组有什么区别？

3. 建立两个长度相同的数组，一个数组内容为姓名，另一个数组内容为分数，给数组赋值。用户输入分数后，可以查询到此分数的所有人。

4. 建立一个 4 行 5 列的矩阵，找出其中最小的元素所在的行和列，并输出该值和其所在的位置。

5. 求一个 5×5 方阵对角线上的元素之积。

6. 编写程序，要求用户输入 n 个学生的信息：姓名、年龄、通信地址、院系、电话，然后将输入的数据用适当的格式显示出来。

第6章 过　　程

学习要点
- 函数过程的定义和使用；
- 子过程的定义和使用；
- 过程参数的传递。

我们知道，VB.NET 的程序运行机制是事件驱动的，也就是说前面所讨论的事件过程的执行是当某个事件（比如 Click、Load 等）发生时的一种响应，这些事件过程构成了程序的主体。有时候，我们会碰到这种情况，在比较大的应用程序里面，需要反复完成同一个功能，也就是要编写一些功能重复的程序代码，这使得程序代码看起来结构性不好，冗长，不好维护，也不易阅读。我们可以将功能重复的程序代码写成过程，提供需要的过程调用，如此可以使程序更清晰简洁，这类用户自己编写的过程称为自定义过程。用户自定义过程定义完成后，需要有主调程序调用它才执行。自定义过程和调用过程之间的关系可用如图 6-1 所示。

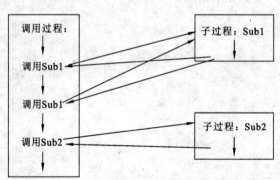

图 6-1　程序的执行顺序

在图 6-1 中，调用过程在执行中，遇到"调用 Sub1"的语句，就会转到子过程 Sub1 的入口处执行，执行完 Sub1 子过程后，返回到调用过程的调用语句处继续执行随后的内容。当碰到第二个"调用 Sub1"的语句，又转去执行子过程 Sub1，执行完 Sub1 后，再次转回到调用程序的刚才转出的位置，继续执行下面的语句，再次碰到调用语句后，执行相似的程序流程。

在本章中，我们讲两种自定义过程。

- 以 Sub……End Sub 定义的程序代码，完成一定的操作功能，称为子过程，过程名无返回值。

• 以 Function……End Function 定义的程序代码,称为函数过程,是用户自定义的函数过程,函数名有返回值。

6.1 函数过程的定义和调用

6.1.1 函数过程的引入

【例 6.1】 最大公约数问题。

任务描述:

从键盘输入两个正整数 m 和 n,输出 m 和 n 的最大公约数。界面设计如图 6-2 所示。

任务分析:

我们用辗转相除法算法求解,该算法在前面的章节已经讲到,所以不再赘述,此处用函数过程来实现,请读者观察有什么区别。

图 6-2 函数过程求最大公约数

任务实现:

```
Private Sub Button1_Click(ByVal sender As System.Object,ByVal e As System. _
EventArgs) Handles Button1.Click
    Dim a%,b%
    a=Val(textbox1.text)
    b=Val(textbox2.text)
    Label3.Text &=gcd(a,b)
End Sub

Function gcd(ByVal m%,ByVal n%) As Integer
    Dim r%
    Do
      r=m Mod n
      m=n
      n=r
    Loop While r<>0
    gcd=m
End Function
```

6.1.2 函数过程的定义

在窗体、模块或类等模块的代码窗口中,把插入点放在所有现有过程之外,直接输入函数过程。自定义函数过程的形式如下:

[Public|Private] Function 函数过程名([形参列表声明])[As 类型]

　　　局部变量或常数声明

　　　[语句块]

　　　　　［Exit Function］

　　　　　语句块

　　　　　Return 表达式 或 函数名＝表达式

End Function

其中：

① 过程名的命名方式和变量名的命名方式一致。

② Public 表示函数过程是全局的、公共的，可在程序的任何模块调用它；Private 表示函数是局部的、私有的，仅供本模块中的其他过程调用。若缺省默认，默认表示全局的。

③ As 类型：函数返回值的类型，可以是 Boolean，Short，Integer，Long，Single，Double，Decimal 或 String，如果省略，则为 Object。

④ 形参列表声明形式：

形参名 1［As 类型］，形参名 2［As 类型］，…

形参（形式参数）只能是变量或数组名（这时要加"（）"，表示是数组），用于在调用该函数时的数据传递；若无参数，形参两旁的括号不能省。

⑤ 用 Exit Function 语句可以从 Function 过程退出。该语句可以出现在过程内的任何位置。

　　Function 函数过程是一种通用的函数过程，它执行完毕后有一个返回值。一旦定义了函数过程后，它可以像系统提供的函数一样使用，即凡是可以使用表达式的地方，只要类型一致，都可以使用。

6.1.3　函数过程的调用

　　自定义函数过程的调用与前面章节使用的系统函数调用相同。唯一的差别是自定义函数过程由用户定义，系统函数由 VB. NET 系统提供。形式如下：

函数过程名（［实参列表］）

实参（实际参数）是传递给过程的变量或表达式。

由于 VB. NET 是事件驱动的程序运行机制，对自定义过程的调用一般是由事件过程调用的，该事件过程称为主调过程，自定义过程称为被调过程。下面的语句调用了求最大公约数的函数过程，并将函数返回的结果在标签控件中输出。

Label3. Text & ＝gcd(a, b)

调用函数过程，即让程序转去运行 Function 函数过程中的函数体。当函数体运行完毕或跳出函数过程运行时，VB. NET 会把返回值带回给主调过程，然后继续执行后面的其他代码。函数过程的返回值一般不作为单独的语句加以调用，而是作为表达式或者表达式的一部分，再配以其他语法成分构成语句。

注意：

① 过程调用使用的参数属于实际参数，简称实参，可以是变量、常量或者表达式。

② 实参和形参可以使用同名变量。

③ 如果定义的过程没有形参，则调用时就没有实参，但是括号不可省略。

6.1.4 形参与实参

形参是在 Sub、Function 过程的定义中出现的变量名,实参是在调用 Sub 或 Function 过程时出现的参数,可以是常量、变量、表达式或数组。

在调用过程时,一般主调过程与被调过程之间有数据传递,即将主调过程的实参传递给被调过程的形参,完成实参与形参的结合,然后执行被调过程体。

传递参数时,一般实参与形参是按位置传送,也就是实参的位置次序与形参的位置次序相对应传送,与参数名没有关系。在 VB. NET 中可以使用命名参数传送的方式,指出形参名,与位置无关,本书只介绍按位置传送。

按位置传送是最常用的参数传递方法,如在调用标准函数时,用户根本不知道形参名,只要注意形参的个数、类型、位置即可,例如前面的求最大公约数的函数定义和调用形式:

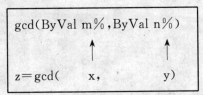

只需要给定两个变量 x 和 y 的值,变量 z 就可以得到它们的最大公约数。

在这里,实参与形参的个数必须保持相同(VB. NET 中允许形参与实参的个数不同,本书不作讨论),位置与类型一一对应。

形参可以是:变量、带有一对括号的数组名。

实参可以是:同类型的常数、变量、数组元素、表达式、数组名(不要带有一对括号)。

在 VB. NET 中,实参与形参的结合有两种方法,即传地址(ByRef)和传值(ByVal),形参前加"ByRef"关键字是地址传递,传地址又称为引用;形参前面加"ByVal"是值传递,值传递是默认的方法。后面还要专门描述地址传递和值传递的区别。

6.2 子过程的定义和调用

6.2.1 过程的引入

【例 6.2】 字符图形的输出。

任务描述:

在文本框中输入行数,点击图 6-3 中"确定"按钮,调用一个输出子过程,输出图形,如图 6-3 所示。

任务分析:

本例中,图形的输出用循环结构可以很容易实现,这里用过程形式实现任意行数该图形的输出。

图 6-3 字符图形输出

任务实现：

```
Sub stroutput(ByVal n%)
Dim i%,j%
For i=1 To n
    Label1.Text &=Space(10-i)
    For j=1 To 2*i
        Label1.Text &=ChrW(64+i)
    Next
    Label1.Text &=vbCrLf
Next
End Sub


Private Sub Button1_Click(ByVal sender As System.Object,ByVal e As System._
EventArgs) Handles Button1.Click
    Dim m%
    m=Val(TextBox1.Text)
    stroutput(m)
    End Sub
```

这段程序在主调程序中取得输出字符图形的行数，传递给自定义子过程，自定义子过程完成图形的输出。很明显，自定义子过程没有返回值，只是执行了一定功能的处理。像这种只完成某种功能的处理，不需要返回的值的过程，一般不用函数过程，而用子过程。

6.2.2　子过程的定义和调用

1. 子过程的定义

子过程定义的方法与函数过程相似，形式如下：

［Public|Private］Sub 子过程名（［形参列表声明］）
　　　　局部变量或常数声明
　　　　语句块
　　　　［Exit Sub］
　　　　语句块
End Sub

其中，子过程名、形参与函数过程中对应项的规定相同。

子过程与函数过程的区别以及注意事项。

① 把某功能定义为函数过程还是子过程，没有严格的规定。一般地，若程序有一个返回值时，函数过程比较直观；当过程没有返回值或有多个返回值时，习惯用子过程。

② 函数过程有返回值，过程名也就有类型。同时在函数过程体内必须对函数过程名赋值或通过 Return 语句返回函数值。子过程名没有值，过程名也就没有类型，同样不能在子过程体内对子过程名赋值。

③ 形参个数的确定。形参是过程与主调程序交互的接口，从主调程序获得初值，或

将计算结果返回给主调程序。不要将过程中所有使用过的变量均作为形参。

④ 形参没有具体的值,只代表了参数的个数、位置和类型。

2. 子过程的调用

子过程的调用是一句独立的调用语句,有两种形式:

① Call 子过程名([实参列表])

② 子过程名([实参列表])

注意:若实参要获得子过程的返回值,则实参只能是变量(与形参同类型的简单变量、数组名、结构类型),不能是常量、表达式,也不能是控件名。

6.2.3 两种过程的比较

【例 6.3】 计算如下表达式的值,分别用子过程和函数过程实现。

$$1+(1+2)+(1+2+3)+\cdots+(1+2+3+\cdots+k)$$

任务描述:

分别写一个函数过程和一个子过程,求以上表达式的值。当点击"调用"命令按钮时,分别调用两个过程,调用结果显示在图 6-4 的文本框中。

任务分析:

分析这个表达式,可以用循环累加实现。其次要熟悉子过程和函数过程的定义和调用方式,看看在实际使用中有什么区别。

图 6-4　子过程和函数过程

任务实现:

1) 用子过程实现

```
Sub sumk1(ByVal k%,ByRef s%)
    Dim i%,n%
    s=0:n=0
    For i =1 To k
        n=n+i
        s=s+n
    Next i
End Sub
```

2) 用函数过程实现

```
Function sumk2(ByVal k%) As Integer
    Dim i%,n%,s%
    s=0:n=0
    For i =1 To k
        n=n+i
        s=s+n
    Next i
    sumk2=s
End Function
```

3) 主调事件过程

```
Private Sub Button1_Click(ByVal sender As System.Object,ByVal e As System._
EventArgs) Handles Button1.Click
        Dim x%,y%
        x=Val(InputBox("输入 k 值:"))
        Call sumk1(x,y)
        TextBox1.Text=y
        y=sumk2(x)
        TextBox2.Text=y
        End Sub
```

两种过程的比较：

（1）从定义过程来看,过程定义所使用的的关键词不同。

（2）从以上程序来看,函数过程和子过程都可以完成,但是它们的实现过程也是有区别的。函数过程是通过函数名返回结果,而子过程是通过参数返回结果。

（3）形参的个数不一样,子过程比函数过程多一个参数,这个多出来的参数返回计算后的结果。

（4）它们的调用方式也不一样,子过程调用是单独以一个语句的形式出现,而函数过程的调用是作为语句的一部分,即以一个表达式的形式出现。

6.3　传值和传地址

6.3.1　两数交换

【例 6.4】　下面有两个子过程 Swap1 和 Swap2,实现两个数的交换,如图 6-5 所示。Swap1 用传值传递,Swap2 用传地址传递,请读者区分两个过程分别调用后的结果。

```
Sub Swap1(ByVal x%,ByVal y%)
    Dim t%
    t=x:x=y:y=t
End Sub
Sub Swap2(ByRef x%,ByRef y%)
    Dim t%
    t=x:x=y:y=t
End Sub

Private Sub Button1_Click(ByVal sender As System.Object,ByVal e As System._
EventArgs) Handles Button1.Click
        Dim a%=10,b%=20
        Call Swap1(a,b):TextBox1.Text=a & Space(2) & b
        a=10:b=20
        Call Swap2(a,b):TextBox2.Text=a & Space(2) & b
        End Sub
```

运行结果如图 6-5 所示。

很明显,调用第一个子过程后,从主调程序传递进来两个值实现了交换,而调用第二个子过程后,从主调程序传递过来的同样的两个参数没有实现交换,这是什么原因呢? 从源程序来看,它们的唯一不同是参数的传递方式不同,一个是以 ByVal 关键词定义的传值方式,一个是以 ByRef 定义的传地址方式,那么可以确定,结果的差异是因为参数的传递方式不同带来的。

图 6-5　两数交换

6.3.2　传值和传地址调用

1. 传值调用

传值方式参数结合的过程是:当调用一个过程时,系统将实参的值复制给形参,实参与形参断开了联系。被调过程的变量操作和改变是在形参自己的存储单元中进行,当过程调用结束时,这些形参所占用的存储单元也同时被释放。因此,在过程体内对形参的任何操作不会影响到实参。

值传递方式中,实际参数的值可以是与形参同类型的常量、变量、表达式等。

前面的例子中参数的值在内存中的变化如下:

主调程序执行 Call Swap1(a,b),将实参 a 和 b 的值传递给形参 x 和 y,x 和 y 取得值 10 和 20。在子过程中 x 和 y 实现了交换,分别得到值 20 和 10,此时 a 和 b 的内容并没有改变。子过程结束时,x 和 y 变量内存释放,程序回到主调程序,此时 a 和 b 的值还是没有改变,仍然是 10 和 20。

2. 传地址调用

传地址方式参数结合的过程是:当调用一个过程时,它将实参的地址传递给形参,此时,形参变量和实参变量实际上是共享一个存储单元,对形参的任何操作都变成了对相应实参的操作,实参的值会随过程体内形参的改变而改变。

根据上面的解释,很明显,地址传递方式中实际参数只能是与形式参数同类型的变量,而不能是常量或者表达式。

传地址调用中,主调程序执行 Call Swap2(a,b),将实参 a 和 b 地址传递给形参 x 和 y,x、y 分别和 a、b 共用一段存储单元,这样对形参 x、y 的改变实际上就是对实参 a、b 的改变。在子过程中 x 和 y 实现了交换,x 和 y 分别得到值 20 和 10,a 和 b 也得到值 20 和 10。子过程结束时,x 和 y 变量内存释放,程序回到主调程序,此时 a 和 b 的值是 20 和 10,实现了交换。

是用传值还是传地址,一般进行如下考虑:

① 若要将被调过程中的结果返回给主调程序,则形参必须是传地址方式。这时实参必须是同类型的变量名(包括简单变量、数组名、结构类型等),不能是常量、表达式。

② 若不希望过程修改实参的值,则应选用传值方式,这样可增加程序的可靠性并便于调试,减少各过程间的关联,因为在过程体内对形参的改变不会影响实参。

③ 如果形参是数组,则形参不论是用 ByVal 定义还是用 ByRef 定义,参数传递方式

都是地址传递,形参的改变都会改变实参。

6.3.3 数组参数的传递

若要将整个数组作为参数传递给被调程序,声明被调程序的形参(数组)时,数组名后面要加"()",表示形参为数组类型。而在调用的时候,对应的实参可以只有数组名,不用加"()"。

【例 6.5】 一维数组求和。

图 6-6 数组做参数

任务描述:

将任意一维整型数组元素求和,并显示输出数组内容和所求的和,要求对数组求和、显示输出分别用子过程实现。界面设计如图 6-6 所示。

任务分析:

假设两个子过程命名为 SumArr 和 ShowArr。显然在对数组求和的子过程 SumArr 中,数组应该是形参,还需要一个传地址的形参返回求和结果。显示输出任意一个数组的子过程 ShowArr 中,无疑数组也应该是形参,同时它的功能仅仅是处理输出,所以无返回值。

任务实现:

```
Sub ShowArr(ByRef arr%())
  Dim i%
  For i=0 To UBound(arr)
      TextBox1.Text &=arr(i) & Space(2)
  Next
End Sub


Sub SumArr(ByVal arr%(),ByRef s%)
  Dim i%
  For i=0 To UBound(arr)
      s=s+arr(i)
  Next
End Sub


Private Sub Button1_Click(ByVal sender As System.Object,ByVal e As System. _
EventArgs) Handles Button1.Click
        Dim a%()={3,5,12,7,34}
        Dim b%()={4,6,12,3}
        Dim s%
        TextBox1.Text &="a 数组:" & vbCrLf
        ShowArr(a)
        SumArr(a,s)
        TextBox1.Text &=vbCrLf &"a 的和:" & s & vbCrlf
```

```
            TextBox1.Text &=vbCrLf &"b 数组:" & vbCrLf
            ShowArr(b)
            SumArr(b,s)
            TextBox1.Text &= vbCrLf &"b 的和:" & s & vbCrLf
        End Sub
```

注意:

 • 形参是数组时,要以数组名加圆括号表示,不要给出维数上界。多维数组,每维以逗号分隔。在过程中通过 Ubound 函数确定每维的上界。

 • 实参是数组时,要给出数组名(不需要圆括号)。当数组作为参数传递时,系统将实参数组的起始地址传给过程,使形参数组也具有与实参数组相同的起始地址。

6.4　存储类和作用域

变量是在程序运行中存放数据的单元,其中的数据随着程序的运行而变化。前面的例子中使用的变量基本是在事件过程中使用 Dim 语句进行声明的,这样变量将随着过程的结束而消失,其中存储的数据也不再存在。其实程序还可以使用多种存储类别的变量,它们可以在程序运行期间一直保留数据,直至整个应用程序运行结束,并且它们有的可以在定义的过程中继续使用,有的可以在所有过程中使用,即这些变量有不同的作用域。

上面所描述的内容,涉及两个概念,就是变量的生存期(LifeTime)和作用域(Scoping),所谓"生存期"就是变量在内存中开辟存储区到释放存储区的时间,"作用域"就是变量起作用的范围。

6.4.1　存储类别

根据存储类别,变量可分为动态变量和静态变量。

1. 动态变量

动态变量是指程序运行进入变量所在过程时,才给变量分配存储空间,退出该过程时,变量所占用内存空间自动释放,其值消失,变量不再存在。在过程中用 Dim 语句申明的变量属于动态变量,其他的属于静态变量,因此前面的例中所用的变量基本上都是动态变量。

2. 静态变量

静态变量是指程序运行期间虽然退出变量所在的过程,但变量所占用的内存空间没有释放,它的值仍然保留着,若下次进入该过程,变量原来的值可以继续使用。使用 Static 语句在过程中声明的局部变量属于静态变量。Static 变量只能在过程中声明,而不能在通用声明段声明。

每次调用过程时,用 Static 声明的变量保持原来的值;而用 Dim 声明的变量,每次调用过程时,将重新初始化。

【例 6.6】 下列自定义函数中有一个静态变量 j,观察主调过程调用该函数后的输出内容。

```
Function sum%(ByVal n As Integer)
    Static j%
    j=j+n
    sum=j
End Function

Private Sub Button1_Click(ByVal sender As System.Object,ByVal e As System._
EventArgs) Handles Button1.Click
    Dim i%,isum%
    For i=1 To 5
        isum=sum(i)
        TextBox1.Text &="isum=" & isum & vbCrLf
    Next i
End Sub
```

(a)　Static 定义　　　　　(b)　Dim 定义

图 6-7　变量定义

当运行上述程序后,屏幕显示如图 6-7(a)所示的结果。

若将函数中的"Static j%"声明改为"Dim j%",则程序运行后,屏幕显示图 6-7(b)的结果。因为用 Dim 说明的变量 j,每次调用过程时,重新初始化其值为 0。

6.4.2　作用域和生存期

作用域是指声明的变量或符号常量在程序的哪个范围内有效。变量和符号常量依据它们的作用域分为块变量、过程级变量、模块级变量和全局变量。

1. 块级变量

在 VB. NET 中引入了块级变量,块级变量是在控制结构块中声明的变量,控制结构如 If...End If,For...Next,Do...Loop 等语句,它只能在本块内有效。

2. 过程级变量

过程级变量是在一个过程内用 Dim 或 Static 语句声明的变量,只能在本过程中使用,别的过程不可访问。过程级变量随过程的调用而分配存储单元,并进行变量的初始化,在此过程体内进行数据的存取,一旦该过程体结束,变量的内容自动消失,占用的存储单元释放。不同的过程中可有相同名称的变量,彼此互不相干,使用过程级变量,有利于程序的调试。

3. 模块级变量

在 VB. NET 中,窗体类、类(Class)、模块(Module)都称为模块。有时将窗体称为窗体模块,类称为类模块以示与 Module 模块的区别。模块级变量是指在模块内、任何过程外用 Dim、Private 语句声明的变量,它可被本模块的任何过程访问。

4. 全局变量

全局变量是在模块级用 Public 语句声明的变量,可被应用程序的任何过程或函数访问。全局变量的值在整个应用程序中始终不会消失和重新初始化,只有当整个应用程序执行结束时,才会消失。

在下面一个模块文件中进行不同级的变量声明。

```
Module Module1
Public Pa As Integer              '全局变量
Private Mb As String              '模块级变量
Dim Pc As Integer                 '模块级变量
Sub F1()
    Dim Fa As Integer             '过程级变量
    Dim x As Integer
    x=InputBox("Input x")
    If x>0 Then
        Dim s%                    '块级变量
    End If
End Sub


Sub F2()
    Dim Fb As Single              '过程级变量
End Sub
End Module
```

变量定义中还可能出现如下情况,即在不同级声明了相同的变量名。

```
Public Temp As Integer        '声明 Temp 为全局变量
Private Sub Form1_Click(ByVal sender As Object,ByVal e As System.EventArgs) _
Handles Me.Click
    Dim Temp As Integer           '声明 Temp 为与上面同名的过程级变量
    Temp=10
    Me.Temp=20
    Textbox1.text=Me.Temp & "和" & Temp    '文本框显示 20 和 10
    End Sub
```

一般来说,在同一模块中出现不同级别的同名变量,作用域小的变量优先。如在上面程序段中声明了全局变量和过程级变量名都为 Temp,在事件过程 Form1_Click 内访问 Temp,则过程级变量优先级高,把全局变量 Temp"屏蔽"掉。若想访问全局变量,则必须在全局变量名 Temp 前加"Me"关键字。

变量的作用域和生存期是变量的基本属性,各种变量的作用域和生存期如表 6-1 所示。

表 6-1　变量的作用域和生存期

变量类别	存储类别	声明符	过程内		模块内(过程外)		模块外	
			作用域	生存期	作用域	生存期	作用域	生存期
局部变量	动态变量	Dim	√	√	×	×	×	×
	静态变量	Static	√	√	×	√	×	√
模块级变量	静态存储	Private 或 Dim	√	√	√	√	×	√
全局变量	静态存储	Public	√	√	√	√	√	√

6.5　递归过程

6.5.1　一个简单的递归程序

【例 6.7】 编写程序,用自定义函数求 n!(n>=1)。

图 6-8　递归求阶乘

任务描述:

编写一个函数过程,给一个参数 n,能够返回它的阶乘。界面设计如图 6-8 所示。程序启动后,在 TextBox1 中输入 n 的值,点击"确定"按钮,调用函数求 n!,将结果显示在 TextBox2 中。

任务分析:

n 的阶乘用数学式表达是:

$$n!=\begin{cases} n\times(n-1)!, & n>1 \\ 1, & n=1 \end{cases}$$

如果自定义函数过程 Fact(n),求 n!,那么过程 Fact 的递归表示为:

Fact(n)=n!=n(n-1)!=nfact(n-1)

Fact(n-1)=(n-1)fact(n-2)

……

Fact(2)=2fact(1)

Fact(1)=1

Fact(1)=1 是终止计算的条件,没有这个条件,计算过程将进入死循环。

从上面的递推过程,可以得出阶乘的递归定义为:

$$Fact(n)=\begin{cases} nFact(n-1), & n>1 \\ 1, & n=1 \end{cases}$$

任务实现:

```
Function Fact(ByVal n As Integer) As Double
        If n = 1 Then
```

```
                Fact=1
            Else
                Fact=n*Fact(n-1)
            End If
        End Function


        Private Sub Button1_Click(ByVal sender As System.Object,ByVal e As System._
    EventArgs) Handles Button1.Click
            Dim n%
            n=Val(TextBox1.Text)
            TextBox2.Text=Fact(n)
            End Sub
```

程序中的函数过程调用方式与前面所学的不一样,函数过程定义时又调用了自己,这种自己调用自己的函数就叫做递归函数。

6.5.2 递归函数的基本概念

一个函数除了调用其他函数外,还可以直接或间接调用它自己,这种函数调用自己的形式称为函数的递归调用,带有递归调用的函数也称为递归函数。递归调用在完成阶乘运算、级数运算、幂指数运算等方面特别有效。

编写递归程序,必须抓住两个关键点:

(1) 程序出口:即递归的结束条件,到何时不再递归调用下去,如 Fact(1)=1。

(2) 递归式子:递归的表达式,如 Fact(n)=n×Fact(n-1)。

递归式子是根据问题由数学归纳得来的。递归程序设计是一个非常有用的工具,可以解决一些用其他方法很难解决的问题。如果读者进一步学习计算机的其他后续课程,就会发现,递归是一种常用手段。但递归程序设计的技巧性要求比较高,对于一个具体的问题,要想归纳出递归式子有时候很难,并不是每个问题都像 Fact 函数那样直接了当。

从实现过程看,递归函数不断调用自己,如果没有终结就会死机,就像循环没有结束条件就会导致死循环。任何递归函数都必须包含条件,来判断是否要递归下去,一旦结束条件成立,递归就不再继续,以某个初始值作为函数结果,然后返回,结束一个递归函数体。通过一层层的返回,一层层地计算出 i!(i=1,2,...,n-1),最终算出 n!。

递归的实质是把问题简化成形式相同,但较简单一些的情况,程序书写时只给出统一形式,到运行时再展开。程序中每经过一次递归,问题就得到一步简化,比如把 n! 计算简化成对(n-1)! 的计算,不断简化下去,最终归结到一个初始值,就不必再递归了。

6.5.3 递归程序设计

【例 6.8】 汉诺(Hanoi)塔问题。

任务描述:

古代有一个梵塔,塔内有三个标号为 A、B、C 的底座,A 座上放着 64 个金盘,上面的金盘比下面的略小一点(如图 6-9 所示)。有一个和尚想把这 64 个金盘从 A 座移到 C

座,但每次只能允许移动一个金盘,并且在移动过程中,3 个座上的金盘始终保持大盘在下,小盘在上。在移动过程中可以利用 B 座,要求打印移动的步骤。

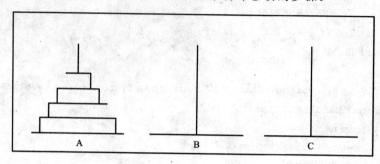

图 6-9　汉诺(Hanoi)塔问题

任务分析:

找出其中的规律,看看用循环是否能实现。可是分析发现,虽然操作步骤类型不多,也有重复的要求,但是重复步骤不尽相同,无明确规律,循环无法实现。那用递归能否实现,我们来看看递归的两个关键点能否找到。

设 A 座上最初的盘子总数为 n,如果 n=1,则将这个盘子直接从 A 座移到 C 座,否则执行以下步骤:

(1) 借助 C 座作为过渡将 A 座上的 n-1 个盘子移到 B 座上;

(2) 将 A 座上的最后一个盘子直接移到 C 座;

(3) 用 A 座作为过渡,将 B 座上的 n-1 个盘子移到 C 座。

汉诺塔问题归纳为:移动 n 个盘子的汉诺塔问题归结为移动 n-1 个盘子的汉诺塔问题,移动 n-1 个盘子的汉诺塔问题又可以归结为移动 n-2 个盘子的汉诺塔问题,依次类推,最后可以归结到只移动一个盘子的汉诺塔问题。

这样,我们找到了递归的关键点,归纳成递归公式,可以写成:

(1) 递归出口:如果只有一个盘子,可直接从 A 搬到 C。

(2) 递归式子:

① n-1 号盘子从 A 座搬到 B 座;

② n 号盘子从 A 座搬到 C 座;

③ n-1 号盘子从 B 座搬到 C 座。

其算法实现如下:

```
Hannoi(n 个盘,A->C,B)
{
If n=1 then
    直接把盘子 A->C
Else
    Hanoi(n-1个盘,A->B)
    把 n 号盘子从 A->C
    Hanoi(n-1个盘,B->C)
End If
}
```

　　按照搬动规则,必须有 3 个座才能完成搬动,一个座是搬动源,一个是目标座,另一个是中间过渡。在搬动的过程中,3 个座的作用是动态变化的,3 个座应该作为函数的 3 个参数来指定。

　　任务实现:

```
Sub hanoi(ByRef n%,ByRef a$,ByRef b$,ByRef c$)
    If n =1 Then
    TextBox1.Text &=a &"->" & c & Space(2)
    Else
        hanoi(n-1,a,c,b)
        TextBox1.Text &=a &"->" & c & Space(2)
        hanoi(n-1,b,a,c)
    End If
End Sub


Private Sub Button1_Click(ByVal sender As System.Object,ByVal e As System. _
EventArgs) Handles Button1.Click
    Dim n%
    TextBox1.Text=""
    n=Val(TextBox2.Text)              '盘子个数
    hanoi(n,1,2,3)
    TextBox1.Text &=vbCrLf
    End Sub
```

程序运行结果如图 6-10 所示。

图 6-10　汉诺塔问题

　　在递归程序中,读者不要把眼光局限于实现细节,否则难以理出头绪。编写的程序只给出运算规律,具体实现细节让计算机去处理。所以,在复杂的递归问题中,找出递归式子是最关键的。

6.6　综合实训

【例 6.9】　编写一个 Sub 过程，计算给定工资额的各种钞票面值。

任务描述：

键盘输入一个工资额（假设是整数），编写一个过程，根据输入的工资总数确定发给多少张一百元、五十元、十元、五元、一元的钞票，并让钞票的张数尽量少。运行时，在窗体上用文本框输入工资额，按回车键调用 Sub 过程计算各种面值的钞票各需多少，并将结果显示在窗体上。界面设计如图 6-11 所示。

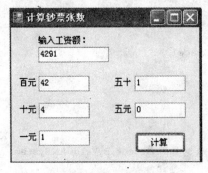

图 6-11　计算钞票张数

任务分析：

首先分析过程，该过程的入口参数是工资额，要返回的结果是钞票的面值，所以工资额参数可以定义成 ByVal 传递方式，而钞票面值必须定义成 ByRef 传递方式。其次是钞票张数的计算，只通过简单的算术运算就可以实现。

任务实现：

```
Sub number(ByVal wage%,ByRef handred%,ByRef fifty%,ByRef ten%,ByRef _
five%,ByRef one%)
        handred=wage\100
        wage=wage-handred*100
        fifty=wage\50
        wage=wage-fifty*50
        ten=wage\10
        wage=wage-ten*10
        five=five\5
        one=wage-five*5
    End Sub


    Private Sub Button1_Click(ByVal sender As System.Object,ByVal e As System. _
    EventArgs) Handles Button1.Click
        Dim w%,h%,fif%,t%,fiv%,one%
        w=Val(TextBox1.Text)
        Call number(w,h,fif,t,fiv,one)
        TextBox2.Text=h
        TextBox3.Text=fif
        TextBox4.Text=t
        TextBox5.Text=fiv
        TextBox6.Text=one
    End Sub
```

6.7 自主学习——程序重载

所谓"程序重载"(Overloads)，就是 Sub 程序或 Function 函数在同一模块或同一类中可以使用相同名称，但是需要使用不同的变量个数或数据类型来加以区分相同名称的程序。在 VB. NET 中要做到程序重载，其方法就是在 Sub 及 Function 前面加上 Overloads 关键字来定义拥有相同名称的程序或函数，接着再定义程序中以不同变量的类型、不同变量的个数或者函数所传回的数据类型来区分这些相同名称的 Sub 程序或 Function 函数。

6.7.1 程序解析

【例 6.10】 定义两个名称为"Add"的 Function 函数，其功能为：一个 Add 函数用来传回两个整数相加的结果，另一个 Add 函数用来传回三个单精度相加的结果。

源代码：

```
    Private Sub Form1_Load(ByVal sender As System.Object,ByVal e As System. _
EventArgs) Handles MyBase.Load
        Dim total1,x,y As Integer
        x=10:y=15
        Dim total2,i,j,k As Single
        i=1.3:j=5.6:k=45.3
        total1=Add(x,y)    'total=35
        total2=Add(i,j,k)  'total=52.2
    End Sub
    Overloads Function Add(ByVal a As Integer,ByVal b As Single) As Single
        Return a+b
    End Function

    Overloads Function Add(ByVal a As Single,ByVal b As Single,ByVal c As Single) _
As Single
        Return a+b+c
        End Function
```

6.7.2 程序重载

重载是在一个类中用相同的名称但是不同的参数类型创建一个以上的过程、实例构造函数或属性。当对象模型指示对于不同数据类型上进行操作的过程使用相同的名称时，重载非常有用。例如，显示几种不同数据类型的类可以具有类似如下所示的 Display 过程。

```
Overloads Sub Display(ByVal s As String,ByVal x As Integer)
    MsgBox(s)
    MsgBox(x)
End Sub
```

```
Overloads Sub Display(ByVal y As Double)
    MsgBox(y)
End Sub
```

重载提供了对可用数据类型的选择,所以它使得属性和方法的使用更为容易。下面的调用都是正确的:

```
Dispaly("hello",12)
Display(12.3)
```

在运行时,VB. NET 根据指定参数的数据类型和个数调用正确的过程。

思考题六

1. 试说明在程序中使用过程有哪些好处?

2. 试比较传值与传地址调用的差异?

3. 编写一个过程,以整型数作为形参,当该参数为奇数时输出 False,当该参数为偶数时输出 True。

4. 编写一个过程,用来计算并输出下列式子的值:

$$s=1+\frac{1}{2}+\frac{1}{3}+\cdots+\frac{1}{100}$$

5. 编写八进制与十进制相互转换的过程:

(1) 过程 ReadOctal,读入八进制数,然后转换为等值的十进制数。

(2) 过程 WriteOctal,将十进制正整数以等值的八进制形式输出。

6. 编写过程,输出 100～300 之间的所有素数。

7. 使用递归程序计算出最大公约数。程序界面如图 6-12 所示,在文本框中输入两个整数,单击"确定"命令按钮,在标签控件中显示计算结果。

图 6-12　设计界面

第7章 常用控件和界面设计

学习要点

- 几个实用控件;
- 菜单设计;
- 鼠标键盘事件;
- 多窗体程序设计。

控件是建立图形用户界面的基本要素,是进行可视化编程的重要基础,所以本章会继续介绍一些实用控件。对于 Windows 应用程序来说,操作比较简单时,一般通过控件来执行,但是要完成比较复杂的操作时,就需要使用菜单,所以本章我们会详细描述菜单程序的设计。在复杂的应用程序中,单窗体往往不能满足需求,必须通过多窗体来实现。而键盘鼠标也是进行操作控制的重要工具,所以本章还会介绍常用的键盘鼠标事件。

7.1 几个常用控件

7.1.1 RichTextBox 控件

RichTextBox 是一种文本框控件,跟 TextBox 控件有一些相似的地方,可以进行输入和输出,但也有一些不同,在本节进行介绍。

1. 主要属性

(1) Text(文字内容)属性。

设置 RichTextBox 控件的文字内容,通常会利用打开文件对话框来加载文本文件,或直接指定路径名称来加载文件。

(2) HideSelection 属性。

用来设置是否隐藏选取文字的反白状态,其属性值有两种状态:True(不显示选取文字的反白状态);False(显示选取文字的反白状态)。

(3) Multiline 属性。

设置是否以多行来显示文字,True 是允许多行显示,False 关闭多行显示。这个属性必须配合 WordWrap 属性,如果 WordWrap 属性为 False,即使 Multiline 设为 True,也无法多行显示文字。

(4) ScrollBars 属性。

用来设置 RichTextBox 控件的滚动条显示状态。其值是枚举值,可取如图 7-1 中

图 7-1　ScrollBars 属性

的值。

（5）WordWrap 属性。

控件的文字是否下卷，设置为 True 时，当文字长度超过控件宽度时，会自动调整至第二行显示。这个属性需要与 Multiline 配合使用，需要两者都设为 True，多行滚动才会有效。

（6）SelectionFont 属性。

用来指定选取文字的字体，例如：

```
RichTextBox1.SelectionFont=New Font("楷体",14,FontStyle.Bold)
```

（7）SelectionColor 属性。

指定选取文字的颜色，例如：

```
RichTextBox1.SelectionColor=Color.Red
```

2. RichTextBox 控件常用方法

（1）Copy 方法。

将 RichTextBox 内选中内容复制剪贴板。例如 RichTextBox1. Copy()。

（2）Cut 方法。

将 RichTextBox 内选中内容移动到剪切板。例如 RichTextBox1. Cut()。

（3）Paste 方法。

将当前剪切板的内容复制到 RichTextBox 中光标所在位置。例如 RichTextBox1. Paste()。

（4）LoadFile 方法。

将指定的文本文件加载到 RichTextBox 控件中显示。

格式：RichTextBox. LoadFile(data,fileType)

说明：

- data：要加载到 RichTextBox 中的文本文件。
- fileType：指定加载文件的格式，是个枚举值。默认是 RichText 格式。

例如：RichTextBox1. LoadFile("a. txt",RichTextBoxStreamType. PlainText)

7.1.2　滚动条控件

滚动条（ScrollBar）通常附在窗体上，协助用户观察数据或确定位置，也可用来作为数据的输入工具。滚动条有水平滚动条（HScrollBar）和垂直滚动条（VScrollBar）两种。

1. 重要属性

（1）Value 属性。

滑块当前位置所代表的值，默认值为 0。

（2）Minimum 和 Maximum 属性。

Minimum 属性为滑块处于最小位置时所代表的值，默认值为 0，Maximum 属性为滑块处于最大位置时所代表的值，默认值为 100。

（3）SmallChange 和 LargeChange 属性。

SmallChange 属性表示用户单击滚动条两端的箭头时，Value 属性增加或减少的值。LargeChange 属性表示用户单击滚动条的空白处（滑块与两端箭头之间的区域）时，Value 属性增加或减少的值。

注意：当 LargeChange 大于 1 时，Value 达不到 Maximum 所指示的最大值，只能达到 Maximum—LargeChange+1。例如，若需要滚动条代表 0～18 之间的数。则 Maximum 设置为 18 时 LargeChange 必须为 1，或者将 Maximum 设置为 18+LargeChange—1。

2. 重要事件

滚动条的事件主要有 Scroll 和 ValueChanged。当滚动条内滑块的位置发生改变时，Scroll 事件发生，Value 属性值改变，ValueChanged 事件发生。

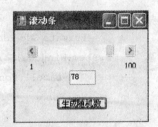

图 7-2　滚动条

【例 7.1】　设计一个水平滚动条，表示范围为 1～100，要求：单击某按钮生成[1，100]之间的随机整数，在滚动条上反应此整数，同时在文本框中显示该值，运行界面如图 7-2 所示。

事件过程如下：

```
Private Sub Button1_Click(ByVal sender As System.Object,ByVal e As System. _
EventArgs) Handles Button1.Click
        Dim x%
        Randomize()
        x=Int(Rnd()*100+1)
        HScrollBar1.Value=x
        TextBox1.Text=x
    End Sub
```

【例 7.2】　利用滚动条设计一个对文字字号和颜色设置的应用程序。

任务描述：

运行界面如图 7-3 所示。使用 2 个滚动条（一个 HscrollBar，一个 VscrollBar）作为字号设置和颜色设置的工具，滚动条取得的字号和颜色值作为文本框（TextBox1）的中文字的字号和前景色（ForeColor）。滚动条的属性设置见图 7-3。

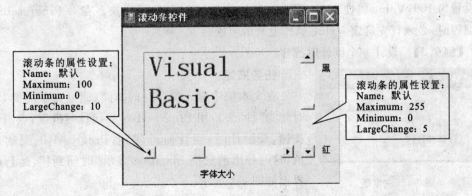

图 7-3　调色板程序

任务分析：

程序中可以直接取 HscrollBar 的值作为字号值，利用 Font(Label1. Font. FontFamily, HScrollBar1. Value)函数可以实现字号设置，函数中第一个参数表示不改变标签中文字的字体。字体颜色的设置可以用 Color. FromArgb(Red, Green, Blue)设置，该函数的功能是将取得的 3 种颜色值进行调和，得到一种颜色值，本例中只用了一个滚动条，放在第一个参数位置，所以只能调出红颜色，读者可以试试用 3 个滚动条，取得 3 个颜色值，进行调和，看看能得到什么颜色。

事件过程如下：

```
Private Sub HScrollBar1_Scroll(ByVal sender As System.Object,ByVal e As _
System.Windows.Forms.ScrollEventArgs) Handles HScrollBar1.Scroll
    Label1.Font=New Font(Label1.Font.FontFamily,HScrollBar1.Value)
End Sub

Private Sub VScrollBar1_Scroll(ByVal sender As System.Object,ByVal e As _
System.Windows.Forms.ScrollEventArgs) Handles VScrollBar1.Scroll
    Dim value%
    value=VScrollBar1.Value
    Label1.ForeColor=Color.FromArgb(value,0,0)
End Sub
```

7.1.3　ProgressBar 控件

在 Windows 及其应用程序中，当执行一个耗时较长的操作时，通常会用进度条显示事务处理的进程。

ProgressBar 控件有 3 个重要属性：Maximum，Minimum 和执行阶段的 Value。Maximum 和 Minimum 属性用于设置控件的界限，Value 属性决定控件被填充了多少。

在显示某个操作的进展情况时，Value 属性将持续增长，直到达到了由 Maximum 属性定义的最大值。这样该控件显示的填充块的数目总是 Value 属性与 Minimum 和 Maximum 属性差值之间的比值。例如，如果 Minimum 属性被设置为 1，Maximum 属性被设置为 100，Value 属性为 50，那么该控件将显示 50%的填充块。在对 ProgressBar 进行编程时，必须首先确定 Value 属性上升的界限。

【例 7.3】　设计一个倒计时程序。

图 7-4　进度条

任务描述：

在文本框中输入倒计时的时间(此处为了需要，计时时间为"秒"级)，用 ProgressBar 显示计时进度，点击命令按钮，开始计时，当计时时间到，ProgressBar 到达最大值，这时弹出消息框 MsgBox，显示"时间到!"，运行时的界面如图 7-4 所示。

任务分析：

当点击"开始"命令按钮时，时钟的 Enabled 属性设为 True，Interval 属性设为 200，时钟开始起作用，并且每 200 毫秒触发一次 Tick 事件，每触发一次 Tick 事件 ProgressBar 的值就增加 200，直到设定的最大值。ProgressBar 的最大值和最小值也在 Button_Click 事件中设定。

任务实现：

```
Private Sub Button1_Click(ByVal sender As System.Object,ByVal e As System._
EventArgs) Handles Button1.Click
        ProgressBar1.Maximum=Val(TextBox1.Text)* 1000
        ProgressBar1.Minimum=0
        Timer1.Enabled=True
        Timer1.Interval=200
End Sub


Private Sub Timer1_Tick(ByVal sender As Object,ByVal e As System.EventArgs)_
Handles Timer1.Tick
    ProgressBar1.Value +=Timer1.Interval
    If ProgressBar1.Value=ProgressBar1.Maximum Then
        Timer1.Enabled=False
        MsgBox("时间到！")
        End If
End Sub
```

7.2 菜单设计

在 Windows 环境中，几乎所有的应用软件都通过菜单来实现各种操作。在 VB. NET 中，命令选项比较多的时候，使用菜单会比较方便。

7.2.1 一个简单菜单示例

【例 7.4】 简单菜单设计。

任务描述：

设计如图 7-5 所示菜单，能够对文本框中的文字进行简单的编辑操作（"复制"，"剪切"，"粘贴"）。

任务分析：

因为这是一个引例，只是请读者先看看简单菜单控件设计效果，所以这里只列出菜单控件的属性设计如表 7-1 所示，不详细描述操作步骤，下一节会详细介绍。

图 7-5 菜单设计

表 7-1 属性设置

控件		Name 属性	Text 属性
MenuStrip1	菜单项 1	EditItem	编辑
	菜单项 2	CopyItem	复制
	菜单项 3	CutItem	剪切
	菜单项 4	PasteItem	粘贴
	菜单项 5	ExitItem	退出
RichTextBox		RichTextBox1	

任务实现:

```
    Private Sub CopyItem_Click(ByVal sender As System.Object,ByVal e As System. _
EventArgs) Handles CopyItem.Click
        RichTextBox1.Copy()
        PasteItem.Enabled= True
    End Sub
    Private Sub CutItem_Click(ByVal sender As System.Object,ByVal e As System. _
EventArgs) Handles CutItem.Click
        RichTextBox1.Cut()
        PasteItem.Enabled= True
    End Sub

    Private Sub PasteItem_Click(ByVal sender As System.Object,ByVal e As System. _
EventArgs) Handles PasteItem.Click
        RichTextBox1.Paste()
    End Sub
```

7.2.2 菜单设计

在实际应用中,菜单有两种基本类型:一是下拉式菜单,用户单击主菜单上的菜单项时通常会下拉出一个子菜单;二是弹出菜单,也称为上下文菜单,是用户在某个对象上单击鼠标右键所弹出的菜单。

为了便于设计菜单,VB. NET 提供了 MenuStrip 和 ConTextMenuStrip 两个控件,分别用来设计下拉菜单和弹出式菜单。

从工具箱中把 MenuStrip 控件拖到窗体中,松开鼠标,窗体专用面板中出现了一个 MenuStrip1 图标,窗体顶端出现一个"请在此处键入"框,如图 7-6 所示,这是可视化的下拉式菜单设计器,下拉式菜单的设计是从这里开始的。

同样,将 ContextMenuStrip 控件从工具箱拖到窗体中,窗体下专用面板中出现了一个 ContextMenuStrip1 图标,选定该图标,窗体顶端出现了一个"上下文菜单"框,如图 7-7 所示,这是可视化的弹出菜单设计器。

图 7-6　菜单设计

图 7-7　菜单设计

MenuStrip1 和 ContextMenuStrip1 控件出现在窗体下专用面板中,是因为它们是非用户界面控件。

无论是下拉式菜单,还是弹出式菜单,菜单中的所有菜单项(包括分隔线)都是与命令按钮相似的对象,它们有属性、事件和方法。

1. 重要属性

菜单项除了 Name,Visible,Enabled 等属性之外,还具有下列重要属性。

1) Text

菜单项上显示的标题文本。

若菜单项需要热键,则在热键字符之前加一个"&"符号。例如,若输入"复制(&N)"。则屏幕显示"复制(N)",字符"N"成为该菜单项的热键。热键是菜单项中带有下画线的字符。

若菜单项是分隔符,则应输入"-"(减号)。

图 7-8　菜单设计　　　　　　图 7-9　菜单设计

2) ShortcutKeys

用来设置菜单项的快捷键,如图 7-9 所示。

3) Checked

Boolean 类型。若设置为 True,则在菜单项左边显示一个"√",表示选中了该项,否则,没有"√",表示未选中该项。图 7-10 显示的是设置了以上属性的菜单。

图 7-10　菜单设计

2. 重要事件

菜单项的重要事件是 Click 事件。为菜单项编写程序就是编写它们的 Click 事件过程。

7.2.3　下拉式菜单设计

有了前面介绍的菜单控件及其属性,下面利用它们建立一个完整的下拉式菜单程序。

【例 7.5】　利用 MenuStrip 控件建立一个下拉式菜单。

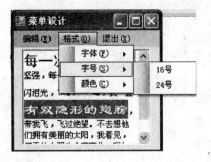

图 7-11　菜单设计

任务描述:

下拉式菜单包括有"编辑"、"格式"和"退出"菜单项。"编辑"项下面有复制、剪切和粘贴功能。"格式"项下面有字体、字号、颜色设置功能,并且这些下拉式菜单项有各自的级联菜单。如图 7-11所示。

任务分析:

根据任务描述进行如下步骤:

(1) 建立表 7-2 所示的菜单项和它们的属性。

表 7-2　属性设置

Text	Name	ShortCutKeys	Text	Name	ShortCutKeys
编辑(E)	EditItem		格式(O)	FontItem	
复制	CopyItem	Ctril+C	字体(F)	FontNameItem	
剪切	CutItem	Ctrl+X	黑体	HetiItem	Ctrl+H
粘贴	PasteItem	Ctrl+V	隶书	LishuItem	Ctrl+L
			字号(S)	FontSizeItem	
退出(X)	ExitItem		16 号	16Item	
			24 号	24Item	
			颜色(C)	ColorItem	
			蓝色	BlueItem	Ctrl+B
			红色	RedItem	Ctrl+R
			绿色	GreenItem	Ctrl+G

(2) 建立控件。

在窗体上创建一个 MenuStrip 控件、一个 TextBox 文本框,并进行属性设置。在窗体下面的专用面板中出现一个名称为 MenuStrip1 图标。

(3) 设计菜单。

单击专用面板中的"MenuStrip1"图标,在窗体上的"请在此处键入"输入菜单项标题"编辑(&E)"。此时在标题"编辑(E)"的下面和右侧会显示带阴影的文本框,然后用同样的方法设置其他的菜单项标题。

然后输入下拉式菜单项,创建菜单系统。如果菜单项是分隔符,则输入"—"(减号);

如果需要热键,则在热键字符之前输入"&"。

（4）按表 7-2 所示为菜单项设置属性。

每一个菜单项都是一个对象,因此都有属性窗口。例如,当用鼠标选定"格式"时,在右下角的属性窗口中,可以设置该菜单项的 Name,Checked,Enabled,Shortcut,Text 等属性。

任务实现:

编写菜单项事件过程。

菜单建立好以后,还需要相应的事件过程。"编辑"和"格式"菜单项不需要事件过程,因为被用户单击后会自动弹出子菜单。"编辑"和"退出"菜单下的菜单项的事件过程与例 7.1 一致。在这里只需要添加"格式"菜单项的代码,格式菜单下包括"字体"、"字号"和"颜色"下拉菜单项。

```
Private Sub HeitiItem_Click(ByVal sender As System.Object,ByVal e As System._
EventArgs) Handles HeitiItem.Click
    RichTextBox1.SelectionFont=New Font("黑体",RichTextBox1.SelectionFont._
Size,FontStyle.Regular)
End Sub


Private Sub LishuItem_Click(ByVal sender As System.Object,ByVal e As System._
EventArgs) Handles LishuItem.Click
    RichTextBox1.SelectionFont= New Font("隶书",RichTextBox1.SelectionFont._
Size,FontStyle.Regular)
End Sub


Private Sub BlueItem_Click(ByVal sender As System.Object,ByVal e As System._
EventArgs) Handles BlueItem.Click
    RichTextBox1.SelectionColor=Color.Blue
End Sub
Private Sub RedItem_Click(ByVal sender As System.Object,ByVal e As System._
EventArgs) Handles RedItem.Click
    RichTextBox1.SelectionColor=Color.Red
End Sub


Private Sub GreenItem_Click(ByVal sender As System.Object,ByVal e As System._
EventArgs) Handles GreenItem.Click
    RichTextBox1.SelectionColor=Color.Green
End Sub
Private Sub S16Item_Click(ByVal sender As System.Object,ByVal e As System._
EventArgs) Handles S16Item.Click
    RichTextBox1.SelectionFont=New Font(RichTextBox1.SelectionFont._
Name,16,FontStyle.Regular)
End Sub
```

```
    Private Sub S24Item_Click(ByVal sender As System.Object,ByVal e As System._
EventArgs) Handles S24Item.Click
        RichTextBox1.SelectionFont=New Font(RichTextBox1.SelectionFont._
Name,24,FontStyle.Regular)
    End Sub
```

7.2.4　弹出式菜单的设计

弹出菜单是右击鼠标时弹出的菜单。它是通过 ContextMenuStrip 控件设计的,方法与主菜单的设计相似。

【例 7.6】 给前面的例子创建一个弹出式菜单,菜单运行时的界面如图 7-12 所示。

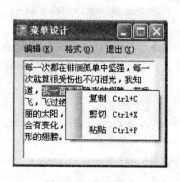

图 7-12　菜单设计

图 7-13　菜单设计

(1) 设计弹出式菜单。

从工具箱中把 ContextMenuStrip 控件拖到窗体中,窗体下专用面板中出现了一个 ContextMenuStrip1 图标,输入如图 7-13 所示的菜单项。

(2) 设置菜单项属性。

根据需要设置菜单项属性,其设置方法与下拉式菜单相同。

Text	Name	ShortcutKeys
复制	ContextCopyItem	Ctrl+C
剪切	ContextCutItem	Ctrl+X
粘贴	ContextPasteItem	Ctrl+V

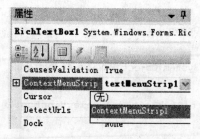

图 7-14　ContextMenuStrip 属性

(3) 建立弹出菜单 ContextStrip1 与文本框 RichTextBox1 之间的关联。

要使程序运行后用鼠标右击文本框能显示弹出菜单,必须建立弹出菜单与文本框之间的关联。其方法是:选定 RichTextBox1 文本框,将其 ContextMenuStrip 属性设为弹出式菜单控件对象名称,这里是 ContextMenuStrip1,如图 7-14 所示。

（4）编写事件过程。

最后，还必须为菜单项编写事件过程。由于弹出菜单中的菜单项往往在下拉式菜单中都有对应的功能相同的菜单项，所以可以共享事件过程，不必重写，只需作适当的修改即可，实际上只有事件过程的框架不同。

弹出式菜单各菜单项的事件过程。

```
    Private Sub ContexCopyItem_Click(ByVal sender As System.Object,ByVal e As _
System.EventArgs) Handles ContexCopyItem.Click
        RichTextBox1.Copy()
    End Sub


    Private Sub ContexCutItem_Click(ByVal sender As System.Object,ByVal e As _
System.EventArgs) Handles ContexCutItem.Click
        RichTextBox1.Cut()
    End Sub


    Private Sub ContexPasteItem_Click(ByVal sender As System.Object,ByVal e As _
System.EventArgs) Handles ContexPasteItem.Click
        RichTextBox1.Paste()
    End Sub
```

7.3　鼠标事件

7.3.1　程序解析

【例 7.7】　编写一个程序，确定哪个鼠标键被按下。在窗体上按下鼠标按键，则在标签显示相应的提示信息和按下的坐标位置，运行界面如图 7-15 所示。

图 7-15　鼠标按键示例

程序代码：

```
Dim mess$=""
If e.Button=MouseButtons.Right Then mess="鼠标右键按下,坐标位置是"
If e.Button=MouseButtons.Left Then mess="鼠标左键按下,坐标位置是"
If e.Button=MouseButtons.Middle Then mess="鼠标中间键按下,坐标位置是"
Label1.Text=mess
Label1.Text &="(" & e.X & "," & e.Y & ")"
```

7.3.2　常用的鼠标事件

当使用鼠标在控件（对象）上面操作时，都会触动表 7-3 中所示鼠标事件。

表 7-3 鼠标事件

事件名称	说　　明
Click	在控件对象上按下鼠标并放开会触发此事件
DoubleClick	在控件对象上双击鼠标并放开会触发此事件
MouseEnter	鼠标光标进入控件对象时会触发此事件
MouseMove	鼠标光标在控件对象上移动时会触发此事件
MouseHover	鼠标光标停在控件对象上不动时会触发此事件
MouseDown	鼠标光标在控件上并按下鼠标按键时会触发此事件
MouseUp	鼠标光标在控件对象上放开鼠标按键时会触发此事件
MouseLeave	鼠标光标离开控件对象时会触发此事件

　　鼠标事件是由用户操作鼠标而引发的能被各种对象识别的事件。下面介绍一下三个重要的鼠标事件,其事件过程如下:

```
'Sub 对象名称_MouseDown(ByVal sender As Object,ByVal e As System.Windows. _
Form.MouseEventArgs)handles MYBase.MouseDown

Sub 对象名称_MouseUp(ByVal sender As Object,ByVal e As System.Windows.Form. _
MouseEventArgs)handles MyBase.MouseDown

Sub 对象名称_MouseMove(ByVal sender As Objec,ByVal e As System.Windows.Form. _
MouseEventArgs)handles MyBase.MouseDown
```

　　在程序设计时,需要特别注意的是,这些事件被什么对象识别,即事件发生在什么对象上,比如前面例子中的鼠标事件就发生在窗体上。当鼠标指针位于窗体中没有控件的区域时,窗体将识别鼠标事件。当鼠标指针位于某个控件上方时,该控件将识别鼠标事件。

　　这三个过程都有相同的参数,其中鼠标事件的第二个自变量 e,可用来取得鼠标的事件信息。e 是一个对象,为 MouseEventArgs 类型,它有许多属性,具体说明如表 7-4 所示。

表 7-4 鼠标的对象属性

属　　性	说明(可取值)
e. Button	以下常量的名称空间为 Windows. Forms:
	MouseButtons. None:表示没有按下鼠标任何键
	MouseButtons. Left:表示按下鼠标左键
	MouseButtons. Right:表示按下鼠标右键
	MouseButtons. Middle:表示按下鼠标中间键
e. Clicks	取得按下并放开鼠标键的次数
e. x	取得鼠标在对象上的 x 坐标
e. y	取得鼠标在对象上的 y 坐标

7.4　键盘事件

　　键盘事件也是 Windows 窗口应用程序常用的事件。本节将介绍键盘的 KeyPress,

KeyDown,KeyUp 事件。

7.4.1　程序解析

图 7-16　键盘事件

【例 7.8】　编写一个程序,当按下 Alt＋F3 组合键时,弹出如图 7-16 所示窗口。

```
Private Sub Form1_KeyDown1(ByVal sender As _
Object,ByVal e As System. Windows.Forms._
KeyEventArgs) Handles Me.KeyDown
        If e.KeyCode=Keys.F3 And e.Alt Then
            MsgBox("欢迎使用键盘事件!")
        End If
End Sub
```

7.4.2　键盘事件

键盘和鼠标都是用户与程序之间交互操作中的主要元素,键盘按键也可以触发事件,而且键盘也提供了进行数据输入的手段以及在窗口和菜单中移动的基本形式。VB. NET 提供了 KeyPress,KeyUp,KeyDown 三种键盘事件,用来发送键盘输入到窗体和其他控件以实现用户的交互,也就是说在窗体或者控件中出现键盘操作,就会发生键盘事件。如果需要,用户通过这些键盘事件的编程实现比键盘输入更多的操作功能。

1. KeyPress 事件

对焦点所在的对象,用户的键盘按键将产生一个 KeyPress 事件,编程者可以通过对 KeyPress 事件的过程处理进行编写程序代码。在 TextBox1 控件对象上发生的 KeyPress 事件过程为:

```
Private Sub 控件对象_KeyPress(ByVal sender As Object,ByVal e As System. _
Windows.Forms.KeyPressEventArgs) Handles TextBox1.KeyPress
```

当控件(对象)拥有焦点并按下键盘时,会触动 KeyPress 事件。此事件只能响应按键操作,无法知道按键是否被按下或放开。

键盘 KeyPress 事件的第 2 个自变量 e 为 KeyPressEventArgs 类型,这个自变量的属性可用来取得相关的事件信息,其说明如表 7-5 所示。

表 7-5　键盘的对象属性

属　　性	说　　明
Handled	设置是否响应按键操作: ① e. Handled＝True:不响应按键。例如,焦点在文本框中由键盘所输入的数据,并不会显示在文本框中 ② e. Handle＝False:响应按键操作。例如,在文本框中由键盘所输入的数据,会显示在文本框中
KeyChar	取得对应的所按下键盘的字符。例如,按"0"键会传回字符"0";按"A"键会传回字符 a;按 Shift＋B 键会传回字符 B,其他依此类推。因此,也可以使用 Asc()函数将取得键盘的字符转换成 ASCII 码

说明:控件(对象)必须拥有焦点(拥有控制权),即表示目前为作用对象的时候,该控

件才能接受键盘事件(如 KeyPress,KeyDown,KeyUp 等事件)。

【例 7.9】 在文本框中输入字符,当输入的是回车键时,结束程序的运行。

```
Private Sub TextBox1_KeyPress(ByVal sender As Object,ByVal e As System.
Windows.Forms.KeyPressEventArgs) Handles TextBox1.KeyPress
      If Asc(e.KeyChar)=13 Then End
End Sub
```

这段程序中,接受鼠标事件的对象是文本框 TextBox1,发生的事件是按键事件 KeyPress,事件中返回按键的内容 e. KeyChar。

2. KeyDown 与 KeyUp 事件

在计算机游戏世界中,键盘的使用频率非常高,如上、下、左、右在游戏中通常称为方向的控制键,这些控制动作可以使用 KeyDown 和 KeyUp 事件实现,发生在 Form1 上的 KeyDown 和 KeyUp 事件格式为:

```
Private Sub Form1_KeyDown(ByVal sender As Object,ByVal e As System.Windows. _
Forms.KeyEventArgs) Handles Me.KeyDown


Private Sub Form1_KeyUp(ByVal sender As Object,ByVal e As System.Windows. _
Forms.KeyEventArgs) Handles Me.KeyUp
```

键盘 KeyDown,KeyUp 事件的第 2 个自变量 e 为 KeyEventArgs 类型,这个自变量的属性可以用来取得相关的事件信息,如表 7-6 所示。

表 7-6　键盘对象的属性

属　　性	说　　明
Handled	设置是否响应按键操作:
	① e. Handled=True:不响应按键操作。例如,焦点在文本框中由键盘所输入的数据,并不会显示在文本框中
	② e. Handled=False:响应按键操作。例如,在文本框中由键盘所输入的数据,会显示在文本框中
Alt	判断是否按下 Alt 键
Control	判断是否按下 Control 键
KeyCode	可以取得键代码,使用说明如下:
	键代码是属于 Keys 类型的枚举常量,枚举常量包括:Key. Left(←)、Keys. A(A 键)、Keys. F1(F1 键),其他依此类推
	若想知道键代码的意义,可使用 e. KeyCode. ToString()语句来完成。例如,按下→键,则 e. KeyCode. ToString()会显示 Right,其他依此类推
KeyValue	可以取得键代码
Shift	判断是否按下 Shift

【例 7.10】 过街老鼠的游戏。

任务描述:

窗体上有一只朝四面随机移动的老鼠,还有一只静止的锤子,可以由键盘控制上下左右移动,当锤子移动打到老鼠时,程序执行完毕。

任务分析:

老鼠是自动随机移动的。首先,其移动的方向是上下左右随机,其移动的方向可以通过产生随机数控制。其次,每次移动的距离也是由在一定范围内的随机数控制的,其移动的频率是由时钟(Timer)控制的。锤子的移动是由键盘的上、下、左、右 4 个键人为按键控制的。这个任务中老鼠移动是在时钟的 Tick 事件中实现的,而锤子的移动显然是窗体上的 KeyDown 事件过程实现的。当老鼠和锤子的距离接近重合的时候,可以判断锤子打到了老鼠,程序结束,界面如图 7-17 所示。程序中用到了如下控件:

图 7-17　过街老鼠游戏

PictureBox1:显示老鼠图片
PictureBox2:显示锤子图片
Timer1:控制老鼠的移动

任务实现:

```
    Private Sub Form1_KeyDown(ByVal sender As Object,ByVal e As System.Windows. _
  Forms.KeyEventArgs) Handles MyBase.KeyDown
      Select Case e.KeyCode
      Case 37                   '按下左箭头键
          PictureBox2.Left=PictureBox2.Left-10
      Case 38                   '按下上箭头键
          PictureBox2.Top=PictureBox2.Top-10
      Case 39                   '按下右箭头键
          PictureBox2.Left=PictureBox2.Left+10
      Case 40                   '按下下箭头键
          PictureBox2.Top=PictureBox2.Top+10
      End Select

        If Math.Abs(PictureBox1.Left-PictureBox2.Left)<10 And Math.Abs _
      (PictureBox1.Top-PictureBox2.Top)<10 Then
```

```
                Timer1.Enabled=False:MsgBox("我打到老鼠啦!")
            End If
        End Sub


        Private Sub Timer1_Tick(ByVal sender As Object,ByVal e As System.EventArgs) _
    Handles Timer1.Tick
            Dim sign1%,sign2%
            Dim x%,y%,X1%,Y1%
            Randomize()
            If Rnd()<0.5 Then sign1=-1 Else sign1=1
            If Rnd()<0.5 Then sign2=-1 Else sign2=1
            x=(Rnd()*40)*sign1
            X1=PictureBox1.Left+x
            If X1<0 Then X1=0
            If X1>Me.Width-PictureBox1.Width Then X1=Me.Width-PictureBox1.Width
            y=(Rnd()*40)*sign2
            Y1=PictureBox1.Top+y
            If Y1<0 Then Y1=0
            If Y1>Me.Height-PictureBox1.Height Then Y1=Me.Height-PictureBox1.Height
            PictureBox1.Left=X1
            PictureBox1.Top=Y1
        End Sub


        Private Sub Form1_Load(ByVal sender As Object,ByVal e As System.EventArgs) _
    Handles Me.Load
            Timer1.Enabled=True
            Timer1.Interval=200
        End Sub
```

7.5　多重窗体

7.5.1　一个多窗体程序示例

【例 7.11】 设计一个程序,介绍水果蔬菜营养知识。从第一个窗体中单击"蔬菜"命令按钮,弹出 Form2,在 Form2 中点击"返回"按钮,回到 Form1,在 Form1 中单击命令按钮"水果",弹出 Form3,在 Form3 中单击"返回",回到 Form1,在 Form1 中点击"退出",程序结束运行,窗体运行时的界面如图 7-18～图 7-20 所示。

图 7-18　蔬菜水果界面

图 7-19　蔬菜知识

图 7-20　水果知识

程序代码:

1) Form1 的代码

```
Public Class Form1

    Dim f2 As New Form2
    Dim f3 As New Form3

    Private Sub Button1_Click(ByVal sender As System.Object,ByVal e As System. _
EventArgs) Handles Button1.Click
        f2.Show()
    End Sub

    Private Sub Button2_Click(ByVal sender As System.Object,ByVal e As System. _
EventArgs) Handles Button2.Click
        f3.Show()
    End Sub

    Private Sub Button3_Click(ByVal sender As System.Object,ByVal e As System. _
EventArgs) Handles Button3.Click
        Close()
    End Sub
End Class
```

2) Form2 的代码

```
Public Class Form2
    Private Sub Form2_Load(ByVal sender As System.Object,ByVal e As System. _
EventArgs) Handles MyBase.Load
```

　　　　TextBox1.Text="蔬菜类主要的营养成分是维生素、糖类以及膳食纤维,植物激素在幼嫩带芽的蔬菜中含量最为丰富。蔬菜中不含脂肪,有些含有少量的蛋白质。蔬菜的品种和部位不同,所含的营养成分也有所不同。其中叶菜类(如青菜、白菜、菠菜、苋菜等)主要含维生素

B2、C 以及胡萝卜素,无机盐的含量也较多,尤其是铁、镁等;根茎类(如萝卜、莲藕、大蒜、芋头、莴苣)一般以淀粉为主,但其他营养素各有不同,如萝卜含有碘、溴,莴苣含有铜、锰、碘,芹菜含钙较多,也含铜、黄酮类,等等;瓜茄类(如丝瓜、冬瓜、茄子、番茄)以碳水化合物、维生素 C、胡萝卜素较多。"

```
    End Sub

    Private Sub Button1_Click(ByVal sender As System.Object,ByVal e As System. _
EventArgs) Handles Button1.Click
        Me.Hide()
    End Sub
    End Class
```

3) Form3 的代码

```
Public Class Form3
    Private Sub Form3_Load(ByVal sender As System.Object,ByVal e As System. _
EventArgs) Handles MyBase.Load
        TextBox1.Text="大部分水果主要含有维生素、无机盐、微量元素以及碳水化合物。
```

苹果富含镁、果糖、果胶;香蕉含有少量的去肾上腺素、5-羟色胺等;山楂含有多种有机酸、黄酮类及甙类;野生的猕猴桃和刺梨含维生素 C 特别丰富;大枣、葡萄、荔枝等含有蛋白质、葡萄糖苷,大枣的含糖量比甘蔗、甜菜还多;杏子的果肉中胡萝卜素含量很高,还含儿茶酚和黄酮类物质,杏仁中还含有苦杏仁和多种维生素。"

```
    End Sub

    Private Sub Button1_Click(ByVal sender As System.Object,ByVal e As System. _
EventArgs) Handles Button1.Click
        Me.Hide()
    End Sub
    End Class
```

7.5.2　多重窗体使用方法

简单的 VB. NET 应用程序通常只包括一个窗体,称为单窗体程序。在实际应用中,特别是对于复杂的应用程序,单一窗体往往不能满足需要,必须通过多窗体(Muti-Form)来实现。在多窗体程序中,每个窗体可以有自己的界面和程序代码,完成不同的操作。

1. 添加窗体

选择"项目"→"添加 Windows 窗体"命令,在弹出的如图 7-21 所示的对话框中,需要选定"Windows 窗体",并且确定窗体文件名。窗体文件中的窗体类是以窗体文件的主文件名来命名的。例如,假定窗体文件名为 Form3. vb,则在该文件中创建了一个名为Form3 的类。注意:添加窗体实质上是在类 Form 的基础上创建一个新的窗体类,即从类Form 派生了一个新类,类 Form1 也是从类 Form 派生的。

用户也可以通过选择"项目"→"添加现有的项"命令将一个属于其他项目的窗体添加进来,这是因为每一个窗体都是以独立的.vb 文件保存的。但是需要注意两个问题:一是

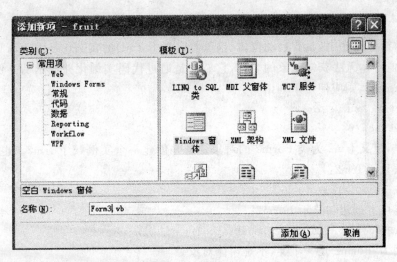

图 7-21　添加新项

添加进来的窗体文件名不能与现有的窗体文件名相同,若添加的窗体文件名与当前项目中的窗体文件名相同,VB.NET 会提示用户选择替换或放弃;二是类的名称相同,这往往也是不允许的。

解决方法是,首先通过"文件→另存为"命令修改窗体文件名(或者重命名当前项目中的窗体文件,或者重命名其他项目的窗体文件),然后添加窗体,若窗体类名称发生冲突问题,则再修改类名。

2. 设置启动窗体

在默认情况下,程序开始运行时,首先见到的窗体是 Form1,这是因为系统默认 Form1 为启动窗体。实际上,当有 Main 子过程时,不仅可以设置窗体为启动对象,还可以设置 Main 过程为启动对象。如果启动对象是 Main 子过程,则程序启动时不加载任何窗体,以后由该过程根据不同情况决定是否加载或加载哪一个窗体。若要指定其他窗体为启动窗体,应使用"项目"菜单中的"属性"命令,选择"属性"命令后,弹出如下对话框,如图 7-22 所示。在"启动窗体"下拉列表框里面选择启动窗体。

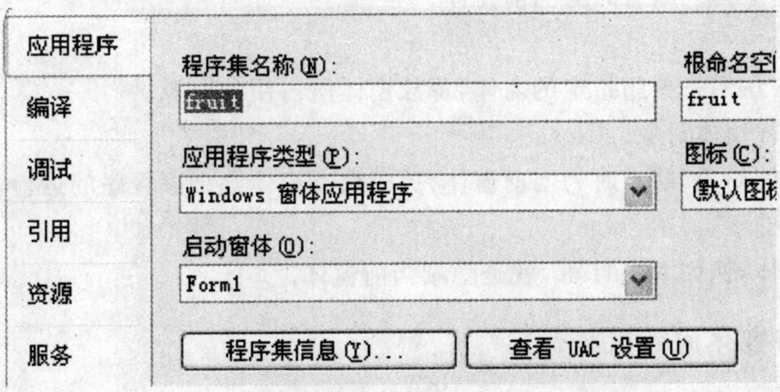

图 7-22　设置启动窗体

3. 窗体实例化和显示

在多重窗体程序中,只有启动窗体(这里假定为 Forml)的实例化是由 VB. NET 自动完成的,其他窗体无法获知对象的名称,它们都是通过代码实例化并显示的。例如,若要显示窗体 Form2,则应使用下列语句:

```
Dim frm2 As New Form2
frm2.Show()
```

在这里,定义 frm2 为类 Form2 的对象变量并创建一个实例赋予 frm2。也可以用另外一个方法显示 frm2:

```
frm2.ShowDialog
```

而不能用下列语句显示 Form2:

```
Form2.Show()　　　或 Form2.ShowDialog()
```

这是因为,Form2 是一个类,不是窗体对象。

4. 重要方法和关键字

1) Show

功能:该方法将窗体作为"非模式"(Modeless)对话框显示。

使用形式:窗体对象. Show

说明:"非模式对话框"显示后程序继续执行,不会等待对话框关闭后才执行下面的语句。

2) ShowDialog

功能:该方法将窗体作为"模式"(Modal)对话框显示。

使用形式:窗体对象. ShowDialog

说明:"模式"对话框显示后程序暂停运行,直到用户关闭或隐蔽后才能对其他窗体进行操作。

3) Hide

功能:该方法用来将窗体暂时隐藏起来,并没有从内存中删除。

使用形式:[窗体对象.]Hide

说明:"窗体对象"缺省时为当前窗体。

4) Close

功能:该方法用来关闭指定的窗体,释放窗体所占用的资源。

使用形式:[窗体对象.]Close

说明:"窗体对象"缺省时为当前窗体,关闭启动窗体则结束程序的运行。

5) Me 关键字

指当前窗体,例如 Me. Hide,就是隐藏当前窗体。

7.5.3　不同窗体间的数据访问

在多重窗体程序中,不同窗体之间需要相互访问。两个窗体之间访问有以下两种形式(假定 Form1 为启动窗体)。

• 在控件对象名前面带上窗体的对象变量名

下面是 Form1 中的代码,要引用 Form2 中文本框的值,使用形式如下:

```
Dim frm2 As New Form2
frm2. Show ()
TextBox1.Text=frm2.TextBox1.Text
```

而不能采用下面的访问形式:

```
TextBoxl.Text=frm2.TextBoxl.Text
```

这是因为 Form2 是类,不是程序运行时所见的窗体对象。

• 通过在模块中定义全局变量实现相互访问

为了实现窗体间相互访问,一个有效的方法是在模块中定义全局变量作为交换数据的场所。例如创建一个模块 Module1,然后在其中定义如下的变量:

```
Public a As Integer
```

这样定义变量后,在 Form1 和 Form2 中都可以引用 a 变量。

7.5.4　多窗体的存取与编译

1. 保存多窗体程序

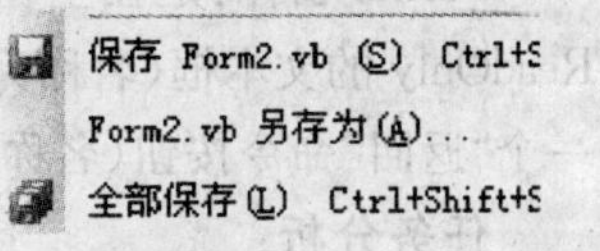

在"文件"菜单中,有如图 7-23 所示的存盘命令:

图 7-23 所示菜单中第一条保存的是当前正在设计或编辑的目标。从图 7-23 可以看出,项目中正在设计的目标是 Form2,其文件名称是 Form2.vb。需要对 Form2.vb 改名或改变存放位置并存盘则选择图中第二条命令,将整个项目保存,选择第三条命令。

保存 Form2.vb (S)　Ctrl+S
Form2.vb 另存为(A)...
全部保存(L)　Ctrl+Shift+S

图 7-23　保存多窗体

2. 装入多窗体程序

单击"文件"菜单中的"打开项目"命令,弹出对话框,在"打开项目"对话框中找到要打开的项目,双击其中的项目文件就可以了。

3. 多窗体程序的编译

多窗体程序编译操作和单窗体程序是一样的。不管一个项目包含多少窗体,都可以用"生成"菜单中的"生成××"来生成可执行程序,其中"××"是项目名称。也可以直接点击 ▶ 中的三角形符号运行程序。

图 7-24　多窗体示例

综合实训

【例 7.12】　多重窗体应用程序示例,在一个窗体中输入职工的工资信息,另一个窗体中显示出来。

任务描述:

本例有 3 个窗体类,分别为 Form1、Form2 和 Form3,分别作为主窗体、数据输入窗体和数据输出窗体。还有一个模块 Module1,窗体中共用的全局变量在其中进行说明。资源管理器窗口及各窗体的运行界面如图 7-24～图 7-26 所示。

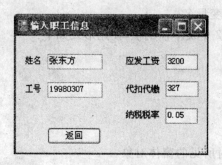

图 7-25　输入职工信息

图 7-26　输出信息

　　Form1 窗体:应用程序主窗体,运行后看到的第一个窗体。在其中选择"信息录入",将会弹出 Form2 窗体,选择"信息输出",会弹出 Form3 窗体。

　　Form2 窗体:是在主窗体 Form1 中选择了"信息录入"后弹出的,界面上有 5 个文本框(名称分别为 TextBox1~TextBox5),一个"返回"命令按钮(名称为 Button1),点击"返回"按钮时,当前窗体隐藏,回到主窗体。

　　Form3 窗体:是在主窗体 Form1 中选择了"信息输出"后弹出的,界面有一个属性为 ReadOnly 的文本框(名称为 TextBox1,注意,该文本框与 Form2 中的 TextBox1 是不同的),一个"返回"命令按钮(名称为 Button1)。点击"返回"按钮时,当前窗体隐藏,回到主窗体。

　　任务分析:

　　本任务在三个窗体之间进行切换,所以要用到方法 Show 和 Hide。在 Form2 中输入的数据要在 Form3 中计算并显示,所以添加一个模块 Module1 来定义几个全局变量,如图 7-27 所示。

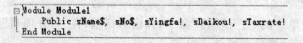

图 7-27　模块

　　任务实现:

　　(1) 标准模块 module1 中存放多窗体间共用的全局变量声明如下:

```
Module Module1
    Public sName$,sNo$,sYingfa!,sDaikou!,sTaxrate!
End Module
```

　　(2) Form1 的代码如下:

```
Public Class Form1
    Dim frmInput As New Form2
    Dim frmoutput As New Form3

    Private Sub Button1_Click(ByVal sender As System.Object,ByVal e As System. _
EventArgs) Handles Button1.Click
        frmInput.ShowDialog()
    End Sub
```

```
    Private Sub Button2_Click(ByVal sender As System.Object,ByVal e As System. _
EventArgs) Handles Button2.Click
        frmoutput.ShowDialog()
    End Sub


    Private Sub Button3_Click(ByVal sender As System.Object,ByVal e As System. _
EventArgs) Handles Button3.Click
        End
    End Sub
    End Class
```

（3）Form2 的代码如下：

```
    Public Class Form1
    Private Sub Button1_Click(ByVal sender As System.Object,ByVal e As System. _
EventArgs) Handles Button1.Click
        sName=TextBox1.Text
        sNo=Val(TextBox2.Text)
        sYingfa=Val(TextBox3.Text)
        sDaikou=Val(TextBox4.Text)
        sTaxrate=Val(TextBox5.Text)
        Me.Hide()
        End Sub
    End Class
```

（4）Form3 的代码如下：

```
    Public Class Form1
    Private Sub Form3_Load(ByVal sender As System.Object,ByVal e As System. _
EventArgs) Handles MyBase.Load
        Dim sReal!
        sReal=(sYingfa-sDaikou)* (1-sTaxrate)
        TextBox1.Text="该职工信息如下:" & vbCrLf
        TextBox1.Text &="姓名:" & sName & vbCrLf
        TextBox1.Text &="工号:" & sNo & vbCrLf
        TextBox1.Text &="实发工资:" & Format(sReal,"##.#") & vbCrLf
    End Sub
    Private Sub Button1_Click(ByVal sender As System.Object,ByVal e As System. _
EventArgs) Handles Button1.Click
        Me.Hide()
    End Sub
    End Class
```

在上述程序中，frmInput 和 frmoutput 是两个窗体对象，它们之间的数据通信是通过模块中公有变量实现的。实际上，一个窗体对象可以直接访问另一个窗体对象上的数据，思考一下,如果不通过 module1 定义全局变量,而直接通过不同窗体间的数据访问方式,实现数据通信,该怎样修改程序呢?

多窗体程序是在单一窗体程序的基础上建立起来的。利用多窗体,可以把一个复杂的问题分解成若干个简单的问题,每个简单的问题用一个窗体,并且可以根据需要增加窗体。

在一般情况下,屏幕上某个时刻只显示一个窗体,其他窗体隐藏或从内存中卸载。为了提高执行速度,暂时不显示的窗体通常用 Hide 方法隐藏。窗体隐藏后,并没有从内存卸载,仍然在内存中,还要占用一部分内存空间。因此,不再需要的窗体,可以用 UnLoad 从内存卸载,需要时用 Show 方法显示。

用窗体可以建立较为复杂的对话框,但是,如果能够用 InputBox 和 MsgBox 完成的功能,则不必用窗体作为对话框。

7.6　自主学习——常用对话框和一些控件

7.6.1　FontDialog 对话框

使用 FontDialog 字体对话框控件,可以显示一个字体对话框,如图 7-28 所示,用来设置字号、样式、颜色等。FontDialog 控件对象不在窗体内,而是自动放在窗体下方。

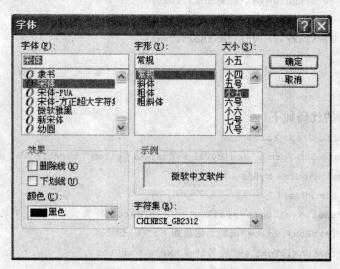

图 7-28　字体对话框

(1) FontDialog 字体对话框常用属性用表格说明,如表 7-7 所示。

表 7-7　FontDialog 属性

FontDialog 属性	说　　明
Font	设置或取得在字体对话框中所指定的字体
Color	设置或取得在字体对话框中所指定的颜色
ShowColor	取值 True 或 False,设置字体对话框是否显示颜色选项。True-显示;False-不显示(默认)
ShowEffects	取值 True 或 False,设置字体对话框是否显示"特殊效果"选项。True-显示;False-不显示(默认)

（2）常用方法 ShowDialog。

FontDialog 控件通过使用 ShowDialog 方法打开字体对话框，并且返回枚举常量值，其所能返回的值如图 7-29 所示。根据这些常量值可以判断用户在字体对话框中按下了哪些键。

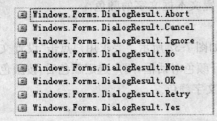

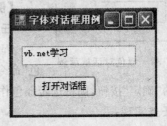

图 7-29　ShowDialog 的返回值　　　　　图 7-30　字体对话框用例

【例 7.13】　应用程序界面如图 7-30 所示。用户按下图 7-30 的"打开对话框"按钮，则弹出"字体对话框"。字体对话框中可以选择字体、字号、颜色等，如果用户选择了"字体对话框"中的"确定"按钮，则根据用户所选择的字体格式设置文本框的属性。

程序代码如下：

```
Private Sub Form1_Load(ByVal sender As System.Object,ByVal e As System. _
EventArgs) Handles MyBase.Load
    FontDialog1.ShowColor=True
End Sub
Private Sub Button1_Click(ByVal sender As System.Object,ByVal e As System. _
EventArgs) Handles Button1.Click
    If FontDialog1.ShowDialog=Windows.Forms.DialogResult.OK Then
        TextBox1.BackColor=FontDialog1.Color
        TextBox1.Font=FontDialog1.Font
    End If
End Sub
```

7.6.2　ColorDialog 对话框

ColorDialog 颜色对话框的操作和使用方式和 FontDialog 字体对话框控件类似。使用 ColorDialog 控件可以显示颜色对话框，然后通过颜色对话框来设置颜色（见图 7-31），最后将选择的颜色用来设置其他控件的对应属性。

（1）常用属性，如表 7-8 所示。

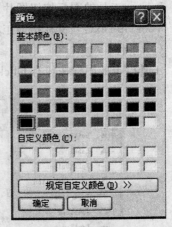

图 7-31　颜色

表 7-8　ColorDialog 属性

ColorDialog 属性	说　明
Color	设置或取得在颜色对话框中指定的颜色
AllowFullOpen	取值 True 或 False。设置该对话框是否显示"自定义颜色"按钮。True-显示（默认）；False-不显示

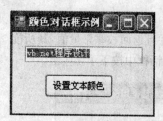

图 7-32　颜色对话框示例

（2）ShowDialog 方法。

ColorDialog 控件也提供 ShowDialog 方法，可以打开显示颜色对话框。

【例 7.14】　设置文本框文字的颜色。

任务描述：

程序设计界面如图 7-32 所示。要求用户点击"设置文本颜色"命令按钮时，打开颜色对话框，用户选定颜色后，按颜色对话框中的"确定"按钮，则将选定颜色作为文本框的文字颜色。

任务实现：

```
Private Sub Button1_Click(ByVal sender As System.Object,ByVal e As System._
EventArgs) Handles Button1.Click
    If ColorDialog1.ShowDialog=Windows.Forms.DialogResult.OK Then
        TextBox1.ForeColor=ColorDialog1.Color
    End If
End Sub
```

7.6.3　ToolStrip 控件

工具栏以图标按钮的形式直观地表达用户最常用的命令，在 Windows 窗口中大部分都有工具栏。在 VB. NET 程序设计中，工具栏是通过 ToolStrip 控件创建的。ToolStrip 是一个容器控件，可以放置 ToolStripButton，ToolStripLabel，ToolStrpTextbox 等。ToolStrip 控件对象也是位于窗体的下方，并不在窗体中，如图 7-33 所示。

（1）常用属性。

Image：工具的图标按钮图片。

ToolTipText：当鼠标指向工具图标时所显示的文本。

（2）事件。

工具栏上的图标按钮有 Click 事件，必须对其编写事件过程才能完成相应功能。

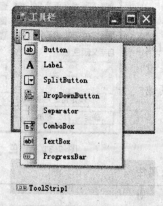

图 7-33　工具栏

图 7-34　工具栏示例

【例 7.15】　创建如图 7-34 所示的一个工具栏，有三个工具："复制"、"剪切"和"粘贴"。

实现步骤：

（1）创建控件。

在窗体上放置一个 ToolStrip 控件，此时窗体界面见图 7-33 所示。ToolStrip 的控件名称出现在窗体下面，同时窗体上面出现一个下拉按钮▢▾，点开它出现一个下拉菜单，列出了可以创建的工具类型，选择"Button"。这时添加了一个工具 ToolStripButton1。

（2）设置属性。

下拉按钮的位置出现小图标▣，这是我们要创建的"复制"工具。选中它，在属性窗口中设置它的 Image 属性为▣图标形状，如果该图标文件找不到，请自己在电脑中搜索。设置它的 ToolTipText 属性值为"复制"。

（3）编写事件过程。

工具图标按钮有 Click 事件，必须编写事件过程，才能完成相应的功能。"复制"工具的事件过程如下：

```
Private Sub ToolStripButton1_Click(ByVal sender As System.Object,ByVal e _
    As System.EventArgs) Handles ToolStripButton1.Click
        TextBox1.Copy()
    End Sub
```

用上面同样的方法完成"剪切"、"粘贴"工具的创建和编程，就可以完成一个简单的记事本程序了。如果加上前面的菜单控件编程，可以建立一个功能更完善的记事本程序。

思 考 题 七

1. 在窗体上画一个图片框、一个垂直滚动条和一个按钮（文字为"设置属性"），通过属性窗口在图片框中装入一个图形，图片框的宽度与图形宽度相同，图片框的高度任意。编写程序，当程序运行后，单击按钮，设置垂直滚动条的 Minimum，Maximum，LargeChange 和 SmallChange 属性合适的值，之后就可以通过滚动条上的滚动块调整图片框的高度。

2. 怎样让窗体中的控件与对应的弹出式菜单建立关联？

3. 在窗体上画一个文本框，把它的 Multiline 属性设置为 True，字体的大小设置为 20，通过菜单命令向文本框中输入信息。按下述要求建立菜单程序：

（1）菜单程序中含有两个主菜单，分别为"输入信息"和"显示信息"。其中"输入信息"包括两个菜单命令："输入"、"退出"；"显示信息"包括两个菜单命令："显示"、"清除"。

（2）"输入"命令的操作：显示一个输入对话框，在该对话框中输入一段文字。

（3）"退出"命令的操作：结束程序运行。

（4）"显示"命令的操作：在文本框中显示输入的文本。

（5）"清除"命令的操作：清除文本框中所显示的内容。

4. 单窗体与多窗体程序的执行有什么区别？怎样指定启动窗体？

5. 如何实现窗体之间数据的互相访问？

6. 你能举出哪些容器控件？为什么说 ToolStrip 是一种容器控件？

7. KeyDown，KeyUp 和 KeyPress 事件的发生有先后顺序吗？它们之间的区别是什么？

第8章 文 件

在前面所学的知识中，应用程序所处理的数据存储在变量或者数组中，即数据只能保存在内存中，当退出应用程序时，数据不能保存下来。为了长期有效地存储和使用数据，在程序设计中引入文件的概念。使用文件可以将应用程序所需要的原始数据、处理的中间结果以及执行的最后结果以文件的形式保存起来，以便继续使用。

8.1 基本概念

文件是以一定的组织形式存放于外存储器的数据。它是操作系统管理数据的最小单位。按组织形式上分，文件可以分为：顺序文件、随机文件。从存储信息的形式上文件又可以分为：文本文件和二进制文件。

VB. NET 提供了两种用于文件操作的方式。

1. 使用 Visual Basic. NET 的 Run Time 函数

为了保持 VB. NET 与以前 VB6 对文件操作的兼容性，在 VB. NET 中仍然保留了使用运行时的 I/O 函数来执行文件的操作。VB. NET 运行时函数允许三种类型的文件访问。

（1）顺序访问文件。

这种文件访问方式是以顺序的、连续块的方式读写文本文件。

顺序访问模式的规则最简单，读出时从第一条记录顺序读到最后一条记录，写入时也一样，不可以在数据间乱跳（例如，读完第一条后直接读第三条）。在 VB. NET 中，顺序访问模式是专门提供给处理文本文件的。文本文件中的每一行字符串就是一条记录，每一条记录可长可短，并且记录与记录之间是以 VbCrLf 分隔的。

（2）随机访问文件。

可以在任何时候读写文件的任何位置，但是，文件必须由同样长度的记录组成。

随机文件的记录通常是由若干个相互关联的数据项组成。例如，在学生成绩管理中，每个学生的信息组成了一条记录，它由学号、姓名、计算机成绩等数据项组成。由于每个组成记录的数据项是定长的，因此文件的每条记录也是定长的。

(3) 二进制方式访问文件。

可以通过直接指定读写的开始位置及读写的长度来读写文件数据。

二进制文件是最原始的文件类型，它直接把二进制码存放在文件中，没有什么格式。二进制访问模式是以字节数来定位数据，允许程序按所需的任何方式组织和访问数据，也允许对文件中各字节数据进行存取访问。

事实上，任何文件都可以用二进制模式访问。二进制模式与随机模式很类似，如果把二进制文件中的每一个字节看做是一条记录，则二进制模式就成了随机模式。

2. 使用. NET 的 System. IO 模型

VB. NET 中利用 System. IO 模型读写文件是通过文件流的方式来实现的。

流是一个动态的概念，从出发地"流"到目的地的一个字节序列。其最重要的特点就是对于流的操作是按照流中字节的先后顺序来进行的。可以形象地把流看做是一列从出发地向目的地行驶的"字节火车"。

在. NET Framework 中进行所有的输入和输出都可以用流。流提供一种向后备存储器写入字节和从后备存储器读取字节的方式，后备存储器可以为多种存储媒介。文件流分为字符流和二进制流，VB. NET 中用 System. IO 模型来以流的形式处理文件。

8.2 使用 Visual Basic. Net 的 run time 函数进行文件操作

采用 VB. NET 运行时 I/O 函数来访问文件，必须执行三个步骤：打开文件，读写文件，关闭文件。

8.2.1 顺序文件访问

1. 打开文件

在对文件进行任何操作之前，必须打开文件，同时通知操作系统对文件进行读操作还是写操作。打开文件的语句是 FileOpen，其常用形式如下：

格式：FileOpen(文件号，文件名，模式)

说明：

① 文件号：当打开一个文件并为它指定一个文件号后，该文件号就代表该文件，直到文件被关闭后，此文件号才可以被其他文件使用。在复杂的应用程序中，可以利用 FreeFile 函数获得可利用的文件号。

② 文件名：可以是字符串常量，也可以是字符串变量。文件名中可以包含路径。

③ 模式：用来指定文件的输入输出方式，其值为 OpenMode 枚举类型，可取下列值：

* OpenMode. Output：对文件进行写操作。
* OpenMode. Input：对文件进行读操作
* OpenMode. Append：在文件末尾追加记录。

例如，如果要打开 C:\VB 目录下一个文件名为 SCORE. TXT 的文件，供写入数据，指定文件号为 1，则语句应为：

```
FileOpen(1,"C:\VB\SCORE.TXT",OpenMode.Output)。
```

2. 写入

将数据写入磁盘文件所用的语句是 Print，PrintLine，Write 和 WriteLine。

1）Print 和 PrintLine 语句

格式：Print(文件号，[输出列表])

　　　　PrintLine(文件号，[输出列表])

功能：将输出列表中的数据写入指定的文件。

说明：Print/PrintLine 语句都是按标准输出格式写数据，即一个区（14 个字符位置）只能写入一个数据，数据之间没有逗号，字符串也没有用双引号括起来。PrintLine 语句在数据输出后再输出回车换行符（vbCrLf），即一个 PrintLine 语句输出一行，Print 语句不输出回车换行符。

【例 8.1】 利用 PrintLine 语句把数据写入文件。

```
    Private Sub Form1_Click(ByVal sender As Object,ByVal e As System.EventArgs) _
Handles Me.Click
        FileOpen(1,"C:\Data.txt",OpenMode.Output)
        PrintLine(1,"Happy")
        PrintLine(1)
        PrintLine(1,"New","Year")
        FileClose(1)
    End Sub
```

程序运行结果如图 8-1 所示。

2）Write 和 WriteLine 语句

格式：Write(文件号，[输出列表])

　　　　WriteLine(文件号，[输出列表])

功能：将输出列表中的数据写入到指定文件。

说明：

① Write 语句在行尾不包含换行，WriteLine 语句在行尾包含换行。

② "输出列表"一般是指用","分隔的数值或字符串表达。Write(Writeline)语句的功能基本上与 Print(PrintLine)语句相同，区别在于前者是以紧凑格式存放，即在数据项之间插入","，并给字符串加上双引号。

　　　图 8-1　Data. txt 文件内容

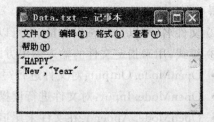

　　　图 8-2　Data. txt 文件内容

【例 8.2】 利用 WriteLine 把数据写入文件。

```
    Private Sub Form1_Click(ByVal sender As Object,ByVal e As System.EventArgs) _
Handles Me.Click
        FileOpen(1,"C:\Data.txt",OpenMode.Output)
        Write(1,"Happy")
        WriteLine(1)
        WriteLine(1,"New","Year")
        FileClose(1)
    End Sub
```

程序的生成结果如图 8-2 所示。

3. 关闭文件

当完成各种读/写操作后,还必须关闭文件,否则会造成数据丢失等现象。因为实际上输出语句是将数据送到缓冲区,关闭文件时才将缓冲区中数据全部写入文件。关闭文件所用的语句是 FileClose,用法如下:

格式:FileClose([文件号])

功能:关闭指定的文件。

例如:语句 FileClose(1),关闭 1 号文件。

说明:如果省略了文件号,FileClose 语句将关闭所有已经打开的文件。

4. 取文件号函数 FreeFile

格式:filenum=FreeFile()

功能:函数取得未使用且最小值的文件号码,返回给变量 filenum。

5. 读操作

读顺序文件的常用语句和函数有以下三种。

1) Input 语句

格式:Input(文件号,变量)

功能:从打开的顺序文件中读出一个数据并将数据赋给变量。

说明:用 Input 读取的数据通常由 Write 写入文件,变量可以是各种类型。如果用下列语句写入数据:Write(1,"王海涛",66)

则一般应用以下语句读取数据:

```
Dim Name no String
Dim Score as Integer
Input(1,Name)
Input(1,Score)
```

2) LineInput 函数

格式:字符串变量=LineInput(文件号)

功能:从打开的顺序文件中读出一行数据,并将它作为函数的返回值。

说明:用 LineInput 读取的数据通常由 Print 写入文件。LineInput 函数读出的数据中不包含回车符及换行符。

3）InputString 函数

格式：字符串变量＝InputString（文件号，读取的字符数）

功能：从打开的顺序文件中读取指定数目的字符。

6. 其他函数

1）LOF 函数

格式：LOF（文件号）

说明：LOF 函数将返回文件的字节数。例如，LOF(1)返回 1 号文件的长度，如果返回 0，则表示该文件是一个空文件。

2）EOF 函数

格式：EOF（文件号）

说明：EOF 函数将返回一个表示文件指针是否到达文件末尾的值。当到达文件末尾时，EOF 函数返回 True，否则返回 False。对于顺序文件用 EOF 函数可以测试是否到文件末尾；对于随机文件和二进制文件，当最近一个执行的 FileGet 函数无法读到一个完整记录时返回 True，否则返回 False。

3）LOC 函数

格式：LOC（文件号）

说明：LOC 函数返回当前的读/写位置，返回值的类型是 Long 型。

7. 各种类型数据的读/写

在 VB. NET 中，从本质上来说，顺序文件其实就是 ASCII 文件。各种类型的数据写入顺序文件时，都会自动转换成字符串，然后按顺序写入文件。因为顺序文件的内容是 ASCII 码字符，所以可以一个字、一个字符地读，一行一行地读，也可以一次性地读入。但是，实际应用时，常常需要按原来的数据类型一个数据一个数据地读，原来是什么样的数据，读出来也应该是什么样。我们用例 8.3 来看看前面函数的功能：

【例 8.3】　将数据写入文件，然后用不同的方式将文件中的数据读出，显示在文本框中。

程序代码：

```
Private Sub Button1_Click(ByVal sender As System.Object,ByVal e As System.
EventArgs) Handles Button1.Click
Dim ch,fname As String
Dim nextline As String=""
Dim recordNo As Integer
fname="c:/file.txt"
FileOpen(1,fname,OpenMode.Output)
For recordNo=1 To 3                    '循环次数
    nextline= "Name "                  '定义字符串
    Write(1,nextline)                  '将字符串 nextline 写入文件后不换行
    WriteLine(1,recordNo)              '将整型数 recordNumber 写入文件后再换行
Next
```

```
    FileClose(1)

    TextBox1.Text=""
    FileOpen(1,fname,OpenMode.Input)
    ch=""
    Do Until EOF(1)
        Input(1,nextline)                    '读一个字段到 nextline 中
        ch=ch & nextline & vbCrLf
    Loop
    FileClose(1)
    TextBox1.Text=ch

    FileOpen(1,fname,OpenMode.Input)
    ch=""
    Do Until EOF(1)
        nextline=LineInput(1)                '读一行字符到 nextline 中
        ch=ch & nextline & vbCrLf
    Loop
    FileClose(1)
    TextBox1.Text=TextBox1.Text & ch
End Sub
```

运行结束后,file. txt 文件中的内容及文本框的输出内容如图 8-3～图 8-4 所示。

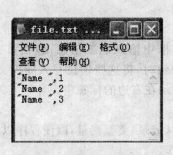

图 8-3 文件写入结果

图 8-4 数据读写

8.2.2 随机文件访问

1. 打开文件

格式:FileOpen(文件号,文件名,OpenMode. Random,[存取类型参数],[共享类型参数],文件记录的长度)

例如:FileOpen(FileNum,"Myfile. dat",OpenMode. Random,,,RecLength),以随机文件读写的方式打开文件号为 FileNum,文件名为 Myfile. dat 的文件,访问的单位是记录,记录的长度是 RecLength。

说明：存取类型参数和共享类型参数可以省略，最后一个参数用来指定打开的这个随机文件的每个记录的长度，不可被省略。

2. FilePut 写入文件

格式：FilePut(文件号，记录变量名)

例如：FilePut(1,StudRec)，往文件编号为 1 的文件中写入记录 StudRec。

说明：

（1）如果写入的数据长度小于 FileOpen 函数的 RecordLength 子句中指定的长度，则 FilePut 将在记录长度边界的范围内写入后面的记录。一个记录的结尾与下一个记录开头之间的空白由文件缓冲区内的现有内容填充。

（2）如果写入的变量是字符串，则 FilePut 将写入一个包含该字符串长度的双字节说明符，然后写入放入变量的数据。因此，由 FileOpen 函数中的 RecordLength 子句指定的记录长度必须至少比字符串的实际长度多两个字节。

（3）FilePut 写入不是结构数据且不带两个字节的长度说明符的变长字符串。写入的字节数等于字符串中的字符数。例如，下面的语句将 11 个字节写入 1 号文件。

```
Dim hello As String="Hello World"
FilePut(1,hello)
```

3. FileGet 读取文件

格式：FileGet(文件号，记录类型变量，记录号)

功能：从指定文件中读取某个记录到结构类型变量。

例如：FileGet(1,Employee,3)，从文件编号为 1 的文件中读取第 3 号记录，写入到记录变量 Employee 中。

【例 8.4】　随机文件读写。

任务描述：

界面设计如图 8-6 所示。在左边的 3 个文本框中输入职工信息，包括员工的编号（ID）、姓名（Name）以及月薪，当点击"写入文件"按钮时，将这些信息写入随机文件保存。点击"从文件读出"按钮，将刚才写入的信息读出显示在右边的标签中。

任务分析：

本任务是随机文件读写，所以首先要定义结构（记录）类型变量，以便程序以记录为单位进行读写。然后用随机文件的读写函数实现操作。

任务实现：

1）界面设计。

建立应用程序用户界面与设置对象属性。建立 3 个 Label、3 个 TextBox、2 个 Button控件，界面见图 8-6。

2）代码实现

定义 Person 结构及其全局变量 Employee

```
Structure Person
    Public ID As Integer
    Public MonthlySalary As Decimal
    <VBFixedString(8)>Public Name As String
```

```vb
        End Structure
        Public Employee As Person
        Public Position As Long=0                    '记录位置变量
    '写入文件
        Private Sub Button1_Click(ByVal sender As System.Object,ByVal e As System. _
    EventArgs) Handles Button1.Click
            Dim RecLength As Long
            Position +=1
            RecLength=Len(Employee.MonthlySalary)
            RecLength=Len(Employee)
            FileOpen(1,"c:\MYFILE.DAT",4,,,RecLength)
            Employee.ID=Val(TextBox1.Text)
            Employee.Name=TextBox2.Text
            Employee.MonthlySalary=Val(TextBox3.Text)
            FilePut(1,Employee,Position)
            FileClose(1)
        End Sub
        '从文件读出
        Private Sub Button2_Click(ByVal sender As System.Object,ByVal e As System.
    EventArgs) Handles Button2.Click
            Dim FileNum As Integer,i,sum,RecLength As Long
            RecLength=Len(Employee)
            FileNum=FreeFile()
            FileOpen(FileNum,"c:\MYFILE.DAT",OpenMode.Random,,,RecLength)
            sum=LOF(FileNum) / RecLength
            For i=1 To sum
                FileGet(FileNum,Employee,i)
                Label4.Text &=Employee.ID & Employee.Name & Employee.MonthlySalary _
    & Chr(10)
            Next
            FileClose(FileNum)
        End Sub
```

程序运行的结果如图 8-5 和图 8-6 所示。

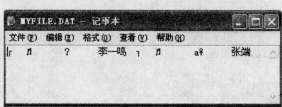

图 8-5　文件内容

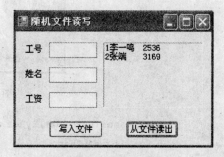

图 8-6　随机文件读写

8.2.3　二进制文件访问

二进制文件的读写,跟随机文件的读写有很多相似之处,这里只给出一个例子,请读者自己学习比较。

【例 8.5】 使用 FilePut 函数将 3 条 Person 结构的记录写入文件。

```
Structure Person
    Public ID As Integer
    Public Name As String
End Structure
Dim PatientRecord As Person
Sub WriteData()
    FileOpen(1,"Testfile.txt",OpenMode.Binary)          '以 Binary 模式打开的文件
    For recordNumber=1 To 3                             '循环 3 次
        PatientRecord.ID= recordNumber                  '定义 ID
        PatientRecord.Name="Name" & recordNumber        '定义字符
        FilePut(1,PatientRecord)                        '将记录写入文件
    Next
    FileClose(1)                                        '关闭文件
End Sub
```

8.3　综合实训

【例 8.6】 试将例 6.8 中汉诺塔问题的输出结果输出到文本框的同时保存到文件中。其原来的输出界面和代码如图 8-7 所示。

图 8-7　汉诺塔问题

```
Sub hanoi(ByRef n%,ByRef a$,ByRef b$,ByRef c$)
    If n=1 Then
        TextBox1.Text &= a &"->" & c & Space(2)
```

```
            Else
                hanoi(n-1,a,c,b)
                TextBox1.Text &=a &"->" & c & Space(2)
                hanoi(n-1,b,a,c)
            End If
    End Sub

    Private Sub Button1_Click(ByVal sender As System.Object,ByVal e As System. _
EventArgs) Handles Button1.Click
        Dim n%
        TextBox1.Text=""
        n=Val(TextBox2.Text)                    '盘子个数
        hanoi(n,1,2,3)
        TextBox1.Text &=vbCrLf
        End Sub
```

任务描述：

本任务的描述在第 6 章已经详细说明了，在这里只需要加入写入文件的语句。

任务分析：

从前面的输出来看，输出数据不是记录，所以可以用顺序文件的读取方式进行操作，将输出结果写入到文件 hanio.txt 中。

任务实现：

程序代码，写入的文件内容如图 8-8 所示。

```
    Sub hanoi(ByRef n%,ByRef a$,ByRef b$,ByRef c$)
        If n=1 Then
            TextBox1.Text &=a &"->" & c & Space(2)
            Write(1,a &"->" & c & Space(2))
        Else
            hanoi(n-1,a,c,b)
            TextBox1.Text &=a &"->" & c & Space(2)
            Write(1,a &"->" & c & Space(2))
            hanoi(n-1,b,a,c)
        End If
    End Sub

    Private Sub Button1_Click(ByVal sender As System.Object,ByVal e As System. _
EventArgs) Handles Button1.Click
        Dim n%
        TextBox1.Text=""
        n=Val(TextBox2.Text)            '盘子个数
        FileOpen(1,"hanoi.txt",OpenMode.Output)
        hanoi(n,1,2,3)
```

```
        FileClose(1)
        TextBox1.Text &=vbCrLf
    End Sub
```

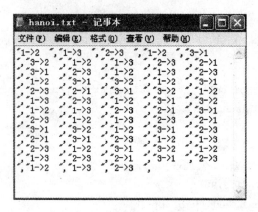

图 8-8　写入的文件结果

8.4　自主学习——文件对话框

文件对话框可以分为 OpenFileDialog 打开文件对话框以及 SaveFileDialog 存盘对话框。

（1）文件对话框的常用属性说明如表 8-1 所示。

表 8-1　文件对话框属性

属　　性	说　　明
DefaultExt	设置或取得文件对话框的默认扩展名
Filter	设置或取得文件对话框的文件类型列表显示的文件类型
FileName	设置或取得文件对话框所选取或输入的文件名称字符串
FileIndex	设置或取得 Filter 属性的第 i 个文件类型
InitialDirectory	设置或取得文件对话框起始的文件目录
RestoreDirectory	设置或取得文件对话框是否为上一次操作的文件夹路径

图 8-9　文件对话框

（2）ShowDialog 方法。

OpenFileDialog 或 SaveFileDialog 控件也有 ShowDialog 方法，可以用来打开所对应的对话框。

【例 8.7】　利用文件对话框建立记事本程序的"文件"菜单。

任务描述：

建立如图 8-9 所示的界面，给菜单命令项"打开"，"保存"，"另存"编写程序。

任务实现：

（1）建立用户界面。

建立菜单控件对象和一个文本框对象，确定菜单项的 Name 属性为：打开——Item_Open，保存——Item_Save，另存——Item_SaveAs。

建立控件对象 OpenFileDialog1，SaveFileDialog1，更改 Name 属性为 OFDlg，SFDlg。

（2）编写程序。

```
Dim fileNum As Integer
Dim fileName As String
Private Sub Form1_Load(ByVal sender As System.Object,ByVal e As System. _
EventArgs) Handles MyBase.Load
    TextBox1.Clear()
    fileName=Nothing
End Sub
Private Sub Item_Open_Click(ByVal sender As Object,ByVal e As System. _
EventArgs) Handles Item_Open.Click
    Dim st As String=""
    dlgOpen.Filter="文本文件(* .txt)|* .txt|所有文件(* .* )|* .* "
    dlgOpen.FilterIndex=1
    dlgOpen.RestoreDirectory=True
    dlgOpen.DefaultExt="* .txt"
    If dlgOpen.ShowDialog=Windows.Forms.DialogResult.OK Then
        fileName=dlgOpen.FileName
        fileNum=FreeFile()
        FileOpen(fileNum,fileName,OpenMode.Input)
        TextBox1.Text=""
        Do While Not EOF(fileNum)
            Input(fileNum,st)
            TextBox1.Text +=st
        Loop
    End If
    FileClose(fileNum)
End Sub


Private Sub Item_Save_Click(ByVal sender As Object,ByVal e As System. _
EventArgs) Handles Item_Save.Click
    If fileName="" Then
        Call Item_SaveAs_Click(sender,e)    '运行 Item_SaveAs_Click 事件过程
        Return
    End If
    FileOpen(fileNum,fileName,OpenMode.Output)
    Write(fileNum,TextBox1.Text)
```

```
        FileClose(fileNum)
    End Sub


    Private Sub Item_SaveAs_Click(ByVal sender As Object,ByVal e As System. _
EventArgs) Handles Item_SaveAs.Click
        dlgSave.Filter="文本文件(*.txt)|*.txt|所有文件(*.*)|*.*"
        dlgSave.FilterIndex=1
        dlgSave.RestoreDirectory=True
        dlgSave.DefaultExt="*.txt"
        If dlgSave.ShowDialog= Windows.Forms.DialogResult.OK Then
            fileName=dlgSave.FileName
            fileNum=FreeFile()
            FileOpen(fileNum,fileName,OpenMode.Output)
            Write(fileNum,TextBox1.Text)
            FileClose(fileNum)
        End If
    End Sub
```

思 考 题 八

1. 顺序文件和随机文件读写过程的主要区别是什么?

2. 随机文件是由固定长度的记录组成,如何定位记录?

3. 将文本文件 text1. txt 的数据合并到 text2. txt 中。

4. 在磁盘上以文件形式建立一个三角函数表,第一列数据 0～90,表示三角函数的输入参数值(角度),后面三列是分别求第一列所给出角度数据的相应三角函数值。其格式如下:

*	SIN	COS	TAN
0	?	?	?
1	?	?	?
:	:	:	:
90	?	?	?

5. 编写一个程序,用来处理活期存款的结算业务。程序运行后,先由用户输入一个表示结存的初值,然后进入循环,询问是接收存款还是扣除支出。每次处理之后,程序都要显示当前的结存,并把它存入一个文件中。要求输出的数值保留两位小数。

6. 假定在磁盘上已建立了一个通信录文件,文件中的每个记录包括编号、用户名、电话号码和地址等 4 项内容。试编写一个程序,用自己选择的检索方法从文件中查找指定的用户的编号,并在文本框中输出该用户的名字、电话号码和地址。

7. 利用通用对话框设计一个应用程序,用户界面如图 8-10 所示。要求:

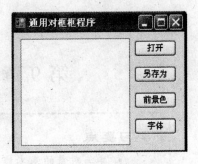

图 8-10 通用对话框程序

(1) 单击"打开"按钮,弹出"打开"对话框,其默认路径为"c:\",默认列出的文件类型扩展名为 .txt 和 .doc 文件,用户选择路径及文件名后,该路径名及文件名显示在文本框中。

(2) 单击"另存为"按钮,弹出"另存为"对话框,用户选择路径及文件名后,该路径名及文件名显示在文本框中。

(3) 单击"前景色"按钮,弹出"颜色"对话框。

第9章 面向对象程序设计

学习要点

- 类与对象的基本概念；
- 面向对象程序设计的三大特点：封装性、继承性和多态性；
- VB. NET 中类的定义与调用，继承与多态的实现。

　　面向对象程序设计是按照人们对现实世界习惯的认识和思维方式来设计和组织程序的程序设计方法，VB. NET 就是一种面向对象的程序设计语言。本章介绍面向对象中类与对象的基本概念以及面向对象的三个基本特性，并以实例详细说明在 VB. NET 中类的设计、类的定义和类的调用。在自主学习部分介绍了类的继承和多态的作用和实现方式。

9.1 面向对象的基本概念

9.1.1 类与对象

　　在前面章节中已经详细介绍了命令按钮、标签、窗体、文本框等控件。在程序中常出现 Button1，Button2，Button3，这些就是"对象"。它们都有 Name，Text，Font，AutoSize 等属性，都有 Click 等事件。因为它们都是从同一个"类"即 Button 类产生的。Button 类定义了命令按钮应有的属性、方法和事件。每个由 Button 类产生的对象都有相同的属性集，只是每个属性对应的属性值不同；都有相同的事件，只是事件内所做的事情不同。在客观世界中，"对象"就是某一具体事物，比如某辆汽车、某间房子。再比如，有两个学生李林、王明，他们都有姓名、学号、班级等属性，但属性值不同，因为人们在学校这个客观环境中根据需要事先定义了一个"学生"这个抽象的概念，这个类就包含了学生的属性、行为。只要进入学校，成为学生中的一员，这个学生就是学生类的对象。所以类是一个抽象的概念，它是具有相同的属性与行为的对象的抽象。对象是一个具有属性（数据）和方法（行为方式）的实体。一个对象建立以后，其操作就通过与对象有关的属性、事件和方法来描述。类有三个要素：属性、方法和事件。属性定义了对象所具有的数据，它是对象所有的特性数据的集合。某些属性值可以在程序设计期设置也可以在程序运行期设置，但也有些只能在程序设计期设置。方法是与对象相关的一个函数或一个于过程，也就是对象为实现一定功能而编写的一段代码，如果对象已创建，便可以在应用程序的任何一个地方调用这个对象的方法。事件是发生在对象上的事情，也可以说是由对象识别的一个动作，程序可以编写相应的代码对此动作进行响应。通常事件由一个用户动作产生，但也可由系统产生。最常见的如单击鼠标事件、键盘按下事件等。

　　类和对象关系密切,类是具有相同数据和相同操作的一组对象的抽象。类是生成对象的模板,它不执行任何操作。对象是类的一个实例。类只说明怎么做,具体操作由对象来完成,类描述了对象的特征和行为,它是对象的蓝图和框架。

9.1.2　面向对象程序设计的基本特性

　　基于对象和类的程序设计与过去传统的结构化程序设计相比有如下三大特点。

1. 封装性

　　封装(encapsulation)是指将数据和操作包装在一起,从而使对象具有包含和隐藏信息(如内部数据和代码)的能力。使用户忽略对象的内部细节而集中精力来使用对象的特性。封装是借助类来实现的,它要求一个对象具备明确的功能,并具有接口,以便和其他对象相互作用。比如 Button 类的定义就包含了命令按钮应有的属性、方法和事件的定义。程序员使用这些属性、方法和事件时,只需要用对象名.属性名、对象名.方法名和对象名.事件名就可以了,不需要关心其实现的细节,也不能访问内部,这就是封装。封装使得一个对象可以方便地作为独立体置于各种程序中。

2. 继承性

　　继承(inheritance)是体现面向对象程序设计优势的最重要的特征。这个概念是从人类社会中所用的"继承"引申而来的。生活中,我们通常说儿子像父亲,就是说儿子继承了父亲在外貌上、动作上或性格上的某些特点。面向对象程序设计所说的继承就是一个类具有另一个类所拥有的属性、方法和事件,并且还包含其他的属性、方法和事件,前者称为子类,后者称为父类。通过继承,子类就不需要定义父类的属性、方法和事件。因此,继承是一种子类延用父类特征的能力。子类可以在保持父类原有特性及方法的前提下添加新的特性、方法或者范围更小的约束,使之更适合特殊的需要,以便体现非共性的细节部分。这正体现了现实世界中一般与特殊的关系。继承的好处就在于使在一个类上所做的改动反映到它的所有子类中去,不必逐一修改子类代码,这种自动更新节省了编程人员的很多时间和精力,减少了维护代码的难度。继承性使程序从最简单的类开始,然后派生出越来越复杂的类。既易于跟踪,又使类本身的维护变得简单。

3. 多态性

　　多态(polymorphism)是一个希腊词语,字面的意思是多种形状。尽管多态与继承紧密相关,但通常被单独地看做面向对象技术最强大的一个优点。在面向对象理论中,多态性的定义是:不同类的对象收到相同的消息时,产生不同的动作。就像老师和学生收到"上课"这个指令时,老师走上讲台,而学生们坐在座位上。面向对象程序设计中的多态指用同样的接口访问功能不同的函数,从而实现"一个接口,多种方法"。多态性的好处在于增加软件系统的灵活性,减少了信息冗余,提高了软件的可重用性和可扩充性。

9.2　面向对象程序设计的实现

　　虽然.NET 框架类库已经为开发人员设计好了许多类,但在实际开发中,这些类远远不够,程序员还要根据需要自己设计类。

【例 9.1】 简单银行借记卡账户类的设计与实现。

图 9-1　银行借记卡账户类

任务描述:

设计一个简单的银行借记卡类,并设计一个测试程序调用此类。要求此类能实现存款和取款等基本操作。

任务分析:

银行借记卡账户中最基本的信息包括:账户号,账户名、密码、余额。最基本的操作就是开户、存款和取款。并且在取钱时,当余额不足时,要提醒客户。用图 9-1 来描述此类。

任务实现:

在以下的 9.2.1 和 9.2.2 节中详细介绍类的定义过程及调用方式。

9.2.1　类的定义

1. 选择类定义的位置

在 VB. NET 中,类是一个代码块,可以出现在程序中以下几种不同的位置。

1) 放在独立的项目中

方法:执行“文件→新建项目”菜单命令,打开“新建项目”对话框,在模板窗口选择“类库”,并在名称框中输入类库的名称,单击“确定”按钮即可,如图 9-2 所示。这种方法一般用于需要定义很多个类的情况。

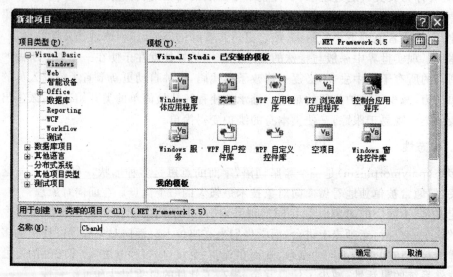

图 9-2　通过类库新建类

2) 放在当前项目内的单独文件中

方法:新建一个项目后,执行“项目→添加类”菜单命令,打开“添加新项”对话框,在模板窗口选择“类”,并在名称框中输入类的名称,单击“添加”按钮即可。

3）放在当前窗体或模块文件中

方法：在当前窗体或模块的代码窗口输入类定义语句。可以与窗体类并列，也可以在窗体类内。

本例中选择第 2 种方式。操作结果如图 9-3 所示。

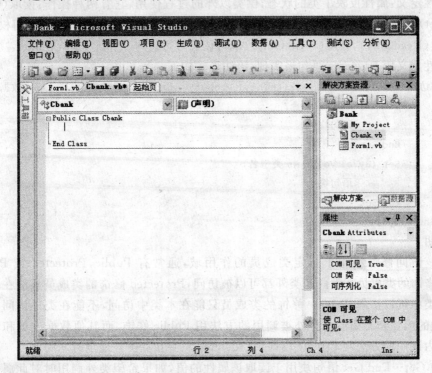

图 9-3　在窗体类内新建类

2. 类定义语句

VB. NET 中使用 Class 语句定义一个类，包括定义这个类的属性、方法和事件。

Class 语句的语法格式为：

Class 类名
　　　定义类的数据成员
　　　定义类的属性
　　　定义类的方法
　　　定义类的事件
End Class

说明：

（1）Class 与 End Class 标明了一个类定义的开始与结束。

（2）类有 4 种成员：数据成员、属性、方法和事件。数据成员指的是那些供类内的方法使用的变量。下面以具体的例子来介绍如何定义属性、方法和事件。

3. 定义变量和属性

变量定义:在类的内部定义变量,访问权限通常是 Private,因为这些变量一般只给本类中的方法使用,而对外界隐蔽。这是封装性的体现之一。

属性定义:属性反映了类的状态,供类以外的过程使用,它有两种操作:读取(Get)和写入(Set)。一个属性要与一个内部变量关联,实现属性值的保存。属性的访问权限有 3 种:只读(ReadOnly)、只写(WriteOnly)、既可读又可写。

属性定义用 Property 语句来实现,语法形式如下:

```
[访问修饰符][ReadOnly|WriteOnly] Property  属性名([参数列表])  [As  数据类型]
    Get
            <语句块>
    End Get
    Set (ByVal Value As 类型名)
            <语句块>
    End Set
End Property
```

说明:

(1) 访问修饰符用于指定类成员的作用域,通常有 Public,Protected 或 Private。Public 修饰的类成员在类内和类外都可以被访问,Protected 修饰的类成员只能在本类及其派生类中可以访问,Private 修饰的类成员只能在本类中访问,不能在类外访问。一般来讲,类的属性和希望能在类外被调用的方法用 Public 修饰,而其他数据成员和希望只能在类内调用的方法用 Private 修饰。Protected 只有在此类被继承时才用到。

(2) Get…End Get 语句块用于读取该属性的值,如果希望类外调用时对此属性的访问方式为只读,则只保留此语句块。在本例中,账户号、账户名、余额这三个属性在类外调用时,只能读,不能写,而密码既可读又可以写。

(3) Set…End Set 语句块用于设置该属性的值,如果希望类外调用时对此属性的访问方式为只写,则只保留此语句块。

按以上方法对 Cbank 类定义属性。

```
Public Class Cbank
    '每一个属性必须对应一个普通数据成员变量,两个名字不能相同
    Private Pid As String
    Private Pname As String
    Private Ppassword As String
    Private Pbalance As Integer
    Public ReadOnly Property Id() As String
        Get
            Return Pid
        End Get
    End Property
    Public ReadOnly Property Name() As String
```

```
        Get
            Return Pname
        End Get
    End Property
    Public Property Password() As String
        Get
            Return Ppassword
        End Get
        Set(ByVal value As String)
            Ppassword=value
        End Set
    End Property
    Public ReadOnly Property Balance() As String
        Get
            Return Pbalance
        End Get
    End Property


End Class
```

4. 定义方法

类的方法即为封装在类内部的完成特定操作的过程,包括子过程与函数。其定义方式与前面定义一般过程的方式相同。在 Cbank 类中需要定义三个方法:开户、存款和取款。

```
Public Class Cbank
'属性的定义
    ……
'方法的定义
    Public Sub Open(ByVal Id$,ByVal name$,ByVal password$,ByVal money!)
        Pid=Id
        Pname=name
        Ppassword=password
        Pbalance=money
    End Sub
    Public Sub Save(ByVal money!)
        Pbalance=Pbalance+money
    End Sub
    Public Sub Withdraw(ByVal money!)
            Pbalance=Pbalance-money
    End Sub


End Class
```

5．定义事件

在银行借记卡应用中，当用户取钱时可能会发生余额不足的情况，这对于银行账户来讲是一件很重要的事件，此时不能进行取钱操作，用户程序必须以一定的方式提醒客户。因此在 Cbank 类中需要定义一个事件 BalanceNotEnough。在 Withdraw 操作中引发此事件。

```
Public Class Cbank
'属性的定义
    ……
'方法的定义
    Public Sub Open(ByVal Id$,ByVal name$,ByVal password$,ByVal money!)
        …
    End Sub
    Public Sub Save(ByVal money!)
        …
    End Sub
    Public Sub Withdraw(ByVal money!)
        If Pbalance<money Then
            RaiseEvent BalanceNotEnough()
            Exit Sub
        End If

        Pbalance=Pbalance-money
    End Sub
    Event BalanceNotEnough()

End Class
```

9.2.2　类的使用

类定义后就可以在自己的程序中调用了。下面为银行类做一个测试程序。程序界面如图 9-4 所示。

图 9-4　例 9.1 的界面

主要控件的属性说明,如表 9-1 所示。

表 9-1　例 9.1 的属性设置

Default Name	Name	Text
Button1	BtnNew	"开户"
Button2	BtnSave	"存钱"
Button3	BtnWithdraw	"取钱"
TextBox1	TxtInput	""
TextBox2	TxtOutput	""
Label1	Label1	"输入金额:"
Label2	Label2	"账户余额:"

```
Public Class Form1
    WithEvents myCount As New Cbank
    Private Sub BtnSave_Click(ByVal sender As System.Object,ByVal e As System. _
EventArgs) Handles BtnSave.Click
        myCount.Save(Val(TxtInput.Text))
        TxtOutput.Text="存钱后"+myCount.Name+"的账户里还有"+myCount.Balance _
+"元"
    End Sub


    Private Sub BtnNew_Click(ByVal sender As System.Object,ByVal e As System. _
EventArgs) Handles BtnNew.Click
        myCount.Open("20090001","王平","123",Val(TxtInput.Text))
        TxtOutput.Text="开户时"+myCount.Name+"的账户里还有"+myCount.Balance _
+ "元"
    End Sub


    Private Sub BtnWithdraw_Click(ByVal sender As System.Object,ByVal e As _
System.EventArgs) Handles BtnWithdraw.Click
        Dim x as Single
        x=Val(TxtInput.Text)
        myCount.Withdraw(x)
        TxtOutput.Text="取钱后"+myCount.Name+"的账户里还有"+myCount.Balance _
+"元"
    End Sub

    '响应类中定义的事件
    Private Sub myCount_BalanceNotEnough() Handles myCount.BalanceNotEnough
        MsgBox("账户内余额不足")
    End Sub


End Class
```

9.2.3　对象的生命周期

同变量一样,对象也有生命周期,对象的构造与释放分别由构造器与析构器实现。

1. 构造器

构造器是一种特殊的方法,主要用来在创建对象时初始化对象,即为对象成员变量赋初始值。也就是在创建一个类的实例时需要执行的代码。其语法格式为:

```
Public  Class  类名
    Public  Sub  New([参数])
            '在此描述如何初始化对象
        End Sub
        …
    End Class
```

与其他过程相比,构造器有以下特点:

(1) 构造器的名字是固定的,必须是 New;而一般方法的名字由程序员自己定义。

(2) 构造器必须用子过程来实现,它没有返回值,也没有 ByRef 的参数。

(3) 构造器不能被直接调用,必须通过 New 语句在创建对象时才会自动调用,一般方法在程序执行到它的时候被调用。

(4) 定义类时,如果没有定义构造函数,VB 编译器会以隐式的方式提供一个默认的构造函数,此默认构造函数不带参数,也没有过程体。

```
Public  Sub  New()

End Sub
```

上述 Cbank 类中就没有定义构造函数,所以可以用以下语句对 B1 对象初始化:

```
Dim B1 As New Cbank
```

(5) 当定义一个类的时候,通常情况下都需要利用一些数据对对象进行初始化,所以一般都会在类中定义有过程体的构造函数。

例如:

```
Public Class Cbank
    Private Pid As String
    Private Pname As String
    Private Ppassword As String
    Private Pbalance As Integer

    Public Sub New(ByVal Id$,ByVal name$,ByVal password$,ByVal money!)
        Pid=Id
        Pname=name
        Ppassword=password
        Pbalance=money
    End Sub

    End Class
```

这样就可以用下面的语句对 B2 进行初始化：

```
Dim B2 As New Cbank("20090002","王平","123",3000)
```

但是现在语句 Dim B1 As New Cbank 是错误的。如果需要以这种形式来初始化，则要在类中显式定义一个空的无参构造函数。

```
Public Class Cbank
    Private Pid As String
    Private Pname As String
    Private Ppassword As String
    Private Pbalance As Integer
    Public   Sub   New()

    End Sub

    Public Sub New(ByVal Id$,ByVal name$,ByVal password$,ByVal money!)
        Pid=Id
        Pname=name
        Ppassword=password
        Pbalance=money
    End Sub

End Class
```

2. 析构器

当不再访问对象时，.NET 框架使用"引用跟踪垃圾回收"系统，把无用的对象回收并定期释放被对象占用的资源。VB. NET 中会自动调用运行析构函数来释放对象占用的系统资源。在 VB. NET 中，使用 Finalize 的 Sub 过程来创建析构函数。如：

```
Protected Overrides Sub Finalize()
    '释放内存的代码
End Sub
```

当定义类时，若想要主动释放被占用的资源，则不能使用 Finalize 方法，要通过 Dispose 方法来实现。

如：

```
Protected Overrides Sub Dispose ()
    '释放内存的代码

End Sub
```

Dispose 方法不能自动运行，可以在程序中主动调用此方法来实现强迫清除对象，并且释放系统内存资源。

9.3　继承

　　面向对象程序设计中最强大的一个特性可能就是代码重用。结构化设计从某种程度上提供了代码重用——程序可以编写一个过程,然后根据需要调用多次。面向对象设计则更进一步,它允许通过组织类并抽取各个类的共性来定义类之间的关系,这不仅有利于代码重用,还可以实现更好的整体设计。继承提供了一种无限重复利用资源的途径。

　　面向对象程序设计中主要的设计问题之一就是抽取不同类的共性,通过抽取共同的属性和行为来创建全新的类。例如,假设有一个 Dog 类和一个 Cat 类,各个类都有一个属性表示眼睛颜色。这个颜色属性就要上移到一个名为 Mammal 的类中。这个类中还包括所有其他哺乳动物共同的属性和方法。通过继承 Mammal 类,Cat 类已经具备使之成为一个真正哺乳动物的所有属性和行为。为了使它成为更具体的猫,Cat 类必须包含猫所特有的属性和行为。实例化 Dog 或 Cat 对象时,它包含该类本身的所有内容,还包括从其父类继承的所有内容。因此,Dog 或 Cat 包含其类定义的所有成员,还包含从 Mammal 类继承的所有成员。下面用一个例子来说明抽取不同类的共性,创建新类的过程以及在 VB. NET 中如何实现继承。

　　【例 9.2】　　图书馆文献管理中各种类之间继承关系的设计与实现。

　　任务描述:

　　图书馆有图书和期刊可以出借。图书一般用条码号、作者名、出版社名、馆藏地点、年份、价格等参数来描述,而期刊通常用条码号、期刊名、期号、卷号、馆藏地点、年份、价格等参数描述。假设图书每种只购进 5 册,而期刊则每期只购进 2 册。

　　任务分析:

　　根据以上说明用图 9-5 来描述这两个类。

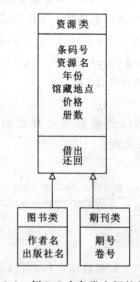

图 9-5　图书类和期刊类　　　　图 9-6　例 9.2 中各类之间的关系

　　很显然图书类与期刊类均有 8 个属性,其中有 6 个属性相同,而且方法也一样。在这种情况下,如果为图书和期刊各定义一个类则代码重复现象比较严重。所以在这种情况下,抽取出这两个类中相同的属性与方法,定义一个类,称之为基类或父类。然后,图书和期刊类都从这个基类派生,称之为派生类或子类。子类可以继承父类的公有成员和保护性成员。图 9-6 用于描述这种继承关系。

任务实现:

以下详细介绍基类 CResourse 类及其派生类 CBook 类、CMagazine 类的定义,然后写一个测试程序调用这些类。

Vb. net 中是通过在派生类定义中使用 Inherits 语句来实现继承关系。形式如下:

```
Class 派生类名
    Inherits 基类名


End Class
```

1) 定义基类 CResourse

在基类中定义两个子类共有的 6 个属性,这 6 个属性均为只读。用户程序只能用构造函数对它们赋值。

```
Public Class CResourse
    Private pCode As String              '条码号
    Private pName As String              '资源名
    Private pYear As Integer             '年份
    Private pAddress As String           '馆藏地点
    Private pPrice As Single             '价格
    Protected pCount As Integer          '册数

    Public ReadOnly Property Code() As String
        Get
            Return pCode
        End Get
    End Property

    Public ReadOnly Property Name() As String
        Get
            Return pName
        End Get
    End Property

    Public ReadOnly Property Address() As String
        Get
            Return pAddress
        End Get
    End Property
```

```
Public ReadOnly Property Price() As Single
    Get
        Return pPrice
    End Get
End Property

Public ReadOnly Property Count() As Integer
    Get
        Return pCount
    End Get
End Property


Public Sub New()


End Sub
```
'自定义基类构造函数
```
Public Sub New(ByVal Code$,ByVal Name$,ByVal Year%,ByVal Address$,ByVal _
Price!)
        pCode=Code              '条码号
        pName=Name              '资源名
        pYear=Year              '年份
        pAddress=Address        '馆藏地点
        pPrice=Price            '价格
End Sub


Public Sub Lend()
    If pCount >=1 Then
        pCount -=1
    Else
        MsgBox("已借完")
    End If
End Sub


Public Sub ReturnBack()
    pCount +=1
End Sub


End Class
```
2) 定义子类 CBook
```
Public Class CBook
    Inherits CResourse
```

```
        Private pAuthor As String
        Private pPublishHouse As String
        Public ReadOnly Property Author() As String
            Get
                Return pAuthor
            End Get
        End Property

        Public ReadOnly Property PublishHouse() As String
            Get
                Return pPublishHouse
            End Get
        End Property

        Public Sub New(ByVal Code$,ByVal Name$,ByVal Year%,ByVal Address$,ByVal _
    Price!,ByVal Author$,ByVal PublishHouse$ )
            MyBase.New()           '先调用基类的构造函数
            pCount=5
            pAuthor=Author
            pPublishHouse=PublishHouse
        End Sub

    End Class
```

3) 定义子类 CMagazine

```
    Public Class CMagazine
        Inherits CResourse
        Private pVolume As Integer             '卷号
        Private pNo As Integer                 '期号

        Public ReadOnly Property Volume() As Integer
            Get
                Return pVolume
            End Get

        End Property
        Public ReadOnly Property No() As Integer
            Get
                Return pNo
            End Get

        End Property
```

```
    Public Sub New(ByVal Code$,ByVal Name$,ByVal Year%,ByVal Address$,ByVal _
Price!,ByVal Volume%,ByVal No%)
        MyBase.New()                          '先调用基类的构造函数
        pCount=2                              '册数
        pVolume=Volume
        pNo=No

    End Sub

End Class
```

4) 写一个测试程序

```
Public Class Form1

    Private Sub Button1_Click(ByVal sender As System.Object,ByVal e As System. _
EventArgs) Handles Button1.Click
        Dim book1 As New CBook("20091001","VB 程序设计",2001,"自科借阅室",20.5, _
"ddd","清华出版社")
        Dim m1 As New CMagazine("20092001","计算机应用",2001,"期刊借阅室",15. _
5,32,2)

        book1.Lend()
        book1.Lend()
        book1.Lend()
        book1.Lend()
        book1.Lend()
        book1.Lend()
        m1.Lend()
        m1.Lend()
        m1.Lend()
    End Sub
End Class
```

说明：

(1) 子类可以继承父类的 Public 和 Friend 方法、属性和变量。

(2) 子类不能继承父类的 Private 的方法、属性和变量。

(3) 子类可以继承父类的 Protected 方法、属性和变量，但是类外代码不能调用。

9.4　自主学习——多态

　　在面向对象的系统中，多态性是一个非常重要的概念，它是抽象思维的具体应用，是指不同的对象可以调用名称完全相同的过程，并可导致完全不同的行为的现象。它允许客户对一个对象进行操作，由对象来完成一系列的动作，具体实现哪个动作、如何实现由系统负责解释。比如,两个整数相加与两个实数相加,其结果的数据类型是完全不同的。而多态性过程完全可以根据不同的输入数据类型而产生不同类型的输出结果。多态性语言具有灵活、抽象、行为共享、代码共享的优势,很好地解决了应用程序函数同名问题。

在 VB. NET 中,多态是通过重载(Overloads)和重写(Overrides)两种方式来实现的。一个类中的函数,函数名称是相同的,参数不同,可以在同一个类中和子类中 overload 重载某个方法;子类继承自父类的同名函数,参数同父类,在方法体有改变。只能在子类中 override 覆盖父类的某个方法。

9.4.1　重载(Overloads)

在同一个类中和子类中,如果需要两个或两个以上的函数的名字相同,功能相同,但参数不同,则可以通过重载来实现。

例如:在一个类中定义能够求一个数的平方的函数 Cal。这个数可能为 integer 类型,也可能为 Double 类型。我们知道,在定义函数时,参数必须要指明类型。那么,为了能计算实数和整数的平方,我们必须定义两个函数 Cal1 和 Cal2。

```
Function Cal1(ByVal theInteger As Integer)
     Return(theInteger* theInteger)
End Function
Function Cal2(ByVal theDouble As Double)
     Return(theDouble* theDouble)
End Function
```

这样,用户就不仅要记住两个求平方的函数名,还要记住什么类型用什么函数。

如果使用重载,则不同类型的计算可以共用一个函数名。

```
Public Class Data

    Overloads Function Cal(ByVal theInteger As Integer) As Integer
      Return(theInteger* theInteger)
    End Function

    Overloads Function Cal(ByVal theDouble As Double) As Double
      Return(theDouble* theDouble)
    End Function
  End Class
```

因为重载提供了对可用数据类型的选择,所以它使得函数的使用更为容易。例如,可以用下列任一代码行调用前面讨论过的重载 Cal 函数。

```
Cal(9)
Cal(9.9)
```

重载后,用户只需要记住一个求平方的函数,在运行时,VB. NET 根据指定参数的数据类型来调用正确的过程。

重载的规则:在过程重载时,同名的过程必须具有不同的参数列表,下面的项不能用做区分特征:

参数的修饰符,如 ByVal 或 ByRef;

参数名;

过程的返回类型。

重载时关键字 Overloads 是可选的,但如果任何一个重载的过程使用了该 Overloads 关键字,则其他所有同名重载过程也必须指定该关键字。

9.4.2　重写(Overrides)

子类继承自父类的同名过程,参数与父类的同名过程相同,但过程体有改变(即功能不同),则只能在子类中用 override 覆盖父类的同名过程。重写方法提供从基类继承的成员的新实现。重写声明不能更改虚方法的可访问性。

从具有重写方法的派生类中,仍然可以通过使用 base 关键字来访问同名的重写基方法。

【例 9.3】 重写的实现。

任务描述:

定义一个正方形类和一个立方体类,有一个基类 Square 和一个派生类 Cube。要求基类 Square 中有一个求正方形面积的过程,派生类 Cube 中有求立方体面积的过程。

任务分析:

因为立方体的面积是 6 个正方形的面积之和,因此在派生类 Cube 可以通过调用基类上的 Area 方法来计算立方体的面积。

任务实现:

在 VB. NET 中新建一个工程,在窗体上放置一个命令按钮。然后在代码窗口输入以下代码。

```
Class CSquare
    Protected x As Double
    '构造函数略
    Public Overridable Function Area() As Double
            return(x*x)
    End Function
End Class

Class CCube
    '构造函数略
    public Overrides Function Area() As Double
            return(6*x*x) '也可以用 return(6*base.Area(x))
    End Function
End Class


Private Sub Button1_Click(ByVal sender As System.Object,ByVal e As System. _
EventArgs) Handles Button1.Click
```

```
Dim square1 As New CSquare(5)
Dim cube1 As New CCube(5)
MessageBox(square1.Area())
MessageBox(cube1.Area())
```
　　End Sub

思 考 题 九

1. 面向对象程序设计的特点是什么？
2. 如何理解封装？请举例说明。
3. 什么叫多态性？在 VB.NET 中多态性通过什么机制实现？
4. 如何定义一个类的属性？
5. 什么情况下用 ReadOnly 关键字来修饰一个属性？
6. 派生类可以继承基类的哪些成员？

第 10 章 Visual Basic.NET 数据库程序设计

学习要点

- 学习数据库基本原理及其应用；
- 熟悉 Access 的集成开发环境；
- 掌握 VB.NET 开发数据库应用程序步骤。

10.1 创建个人通讯资料库

【例 10.1】 创建个人通讯录库。

任务描述：

在 Access 数据库中创建个人通讯录库中的表 address_book.mdb，表中包含姓名、出生日期、工作单位、家庭电话、移动电话、QQ、E-mail 等字段，并在表中输入若干内容。

任务分析：

Access 是存储管理数据的软件，将日常生活中的表格数据列（表头）规定相同属性、相同类型、相同长度，即为字段名。每个行中填写的数据，即为数据库中的记录。

任务实现：

在 Access 中创建如表 10-1 中的结构。

表 10-1 通讯记录表

字段名	字段类型	字段大小
姓名	文本型	10
出生日期	日期型	8
工作单位	文本型	50
家庭电话	文本型	12
移动电话	文本型	11
QQ	文本型	11
E-mail	文本型	50

创建方法如下：

（1）打开 Access 数据库软件。

（2）点击"新建"按钮，在出现的任务窗格图 10-1 中，点击新建的"空数据库"。

（3）在弹出的"文件新建数据库"对话框中，创建名为"address_book.mdb"的文件。如图 10-2 所示。

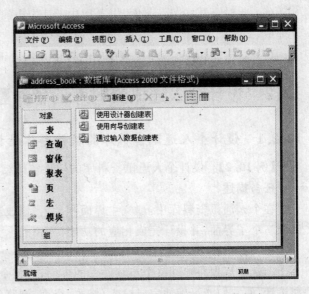

图 10-1　任务窗格-新建文件　　　　　图 10-2　建立的 address_book. mdb 数据库

（4）双击"使用设计器创建表"，弹出表设计器"表 1：表"，在其中建立表 10-1 中表结构。如图 10-3 中姓名字段。

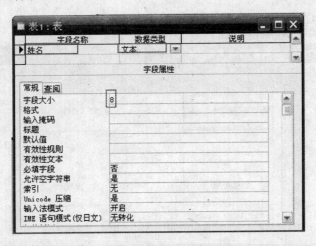

图 10-3　表设计器

（5）保存表名为"adress"。保存时，软件提示"尚未定义主键"（见图 10-4），在提示对话框中选择"是"按钮，建立一个主键。即为表增加了一个编号字段，它在表中是唯一的。

图 10-4　"尚未定义主键"提示框

（6）此时，adress_book 库，以及库中的表"adress"已建立成功，即 adress 的表结构建立完成。

（7）双击"address"表，在表中输入若干人的通讯记录。

10.2　设计个人通讯资料库的软件整体结构与界面

10.2.1　设计个人通讯资料库的软件整体结构与界面

【例 10.2】　设计个人通讯资料库的软件整体结构与界面。

任务描述：

在个人通讯资料库中，建立主界面和录入/修改新的个人资料、查询个人资料、浏览通讯录三个子界面，并设计完成相应的功能。

任务分析：

本例中规划并建立整个小软件中的界面，对每个界面中所使用的控件，也进行了规划和设计，使它们能正确地完成输入/修改、查询、浏览各模块的功能。

任务实现：

（1）根据软件所需要的功能，设计软件包含以下模块：录入/修改信息模块、浏览信息模块和查询信息模块。

（2）设计主界面，如图 10-5 所示，其中控件设计如表 10-2 所示。

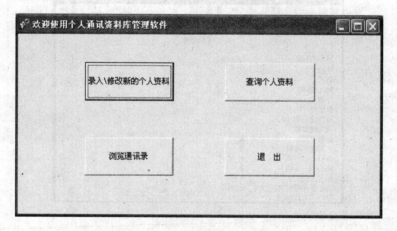

图 10-5　个人通讯资料管理软件主界面

表 10-2　主界面控件表

控件名称	控件类型	属性	说明
bn_edit	button	text="录入/修改新的个人资料"	
bn_brow	button	text="浏览通讯录"	
bn_find	button	text="查询个人资料"	
bn_exit	button	text="退出"	
frm_main	form	text="欢迎使用个人通讯资料库管理软件"	

（3）设计录入/修改信息模块界面，如图 10-6 所示，其中控件设计如表 10-3 所示。

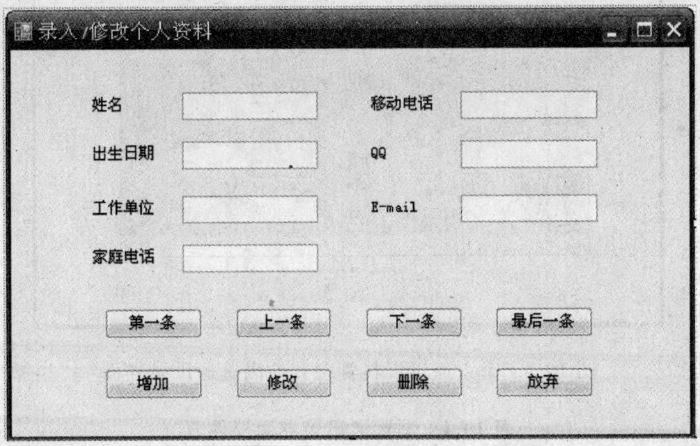

图 10-6　个人通讯资料管理软件录入/修改界面

表 10-3　录入/修改界面控件表

控件名称	控件类型	属性	说明
tx_name	textbox	text=""	
tx_birth	textbox	text=""	
tx_work	textbox	text=""	
tx_h_phone	textbox	text=""	
tx_m_phone	textbox	text=""	
tx_qq	textbox	text=""	
tx_email	textbox	text=""	
bn_first	button	Text="第一条"	
bn_last	button	Text="上一条"	
bn_next	button	Text="下一条"	
bn_end	button	Text="最后一条"	
bn_add	button	Text="增加"	
bn_modi	button	Text="修改"	
bn_del	button	Text="删除"	
bn_return	button	text="放弃"	
Frm_edit	form	Text="录入/修改个人资料"	

说明：label 控件未列入。

（4）设计浏览信息模块（浏览通讯录）界面，如图 10-7 所示，其中控件设计如表 10-4 所示。

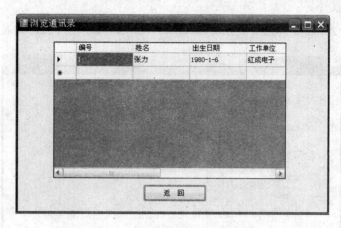

图 10-7　个人通讯资料管理软件浏览通讯录界面

表 10-4　浏览通讯录界面控件表

控件名称	控件类型	属性	说明
da_record	DataGridView		DataGridView 控件在下一节中详细介绍
bn_return	button	text="返回"	
Frm_brow	form	Text="浏览通讯录"	

（5）设计查询信息模块（查询个人资料）界面，如图 10-8 所示，其中控件设计如表10-5所示。

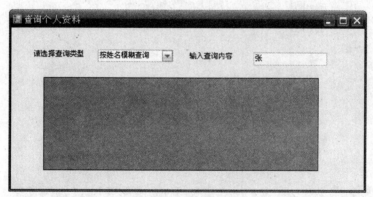

图 10-8　个人通讯资料管理软件查询个人资料界面

表 10-5　查询个人信息界面控件表

控件名称	控件类型	属性	说明
cb_type	Combox	Text="按姓名查询"	
tx_find	textbox	text=""	
da_record	DataGrid		DataGrid 控件在下一节中详细介绍
bn_return	Button	text="返回"	
Frm_sql	form	Text="查询个人资料"	

说明：label 控件未列入。

10.2.2　浏览通讯录

【例 10.3】　浏览通讯录。

任务描述：

使用 ADO. NET 2.0 数据对象的向导模式，建立浏览通讯录模块。建立 DataGridView 控件，显示 address_book 数据库中“address”表内容，从而实现浏览通讯录模块功能。

任务分析：

在 VB. NET 2008 中提供了 ADO. NET(ActiveX Data Objects)数据访问技术，此例中采用向导方式连接并浏览数据库。

任务实现：

(1) 按例 10.2 设计界面，新建项目 brow_address，加入 DataGridView、返回按钮控件。

(2) 在 da_record 控件的属性框中，点击 datasource 属性中的下拉箭头，在弹出的对话框中，点击“添加项目数据源”。

(3) 根据“数据源配置向导”，选择数据源类型为“数据库”；点击下一步，点击“新建连接”，选择数据连接为“Microsoft Access 数据库文件”；点击“继续”，在弹出的“添加连接”对话框中，选择“数据库文件名”为“address_book. mdb”；点击“确定”，最后选择数据库对象为“表”，点击“完成”。如图 10-9～图 10-12 所示。

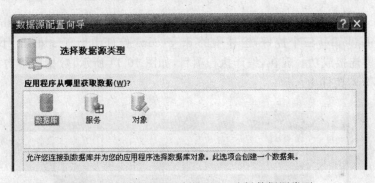

图 10-9　“数据源配置向导”——选择数据源类型

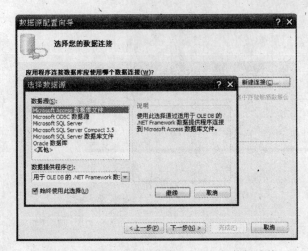

图 10-10　“数据源配置向导”——选择数据连接

图 10-11　添加数据库连接

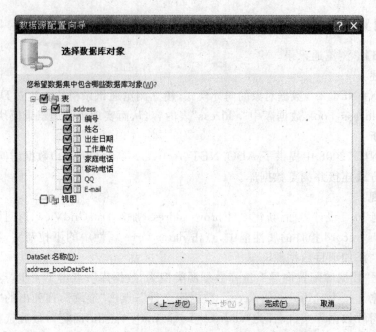

图 10-12　"数据源配置向导"——选择数据库对象

（4）此时，如图 10-13 所示，设计视图下出现 address_bookdataset, addressbindingsource 和 addresstableadapter 三个控件，窗体中的 da_record 控件中出现 address_book 中的字段，说明数据库连接成功。现在，编译执行项目，如图 10-14 所示，数据库中内容正确显示在 DataGridView 控件中。

图 10-13　DataGridView 连接成功

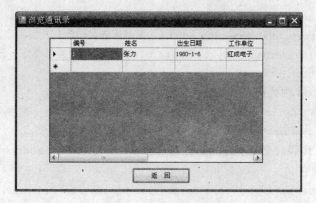

图 10-14　项目执行效果

10.2.3　ADO. NET 2.0

1. ADO. NET 简介

ADO. NET 是一个类的集合,是一组用于和数据源进行交互的面向对象类库。它包括了连接对象、命令对象、数据适配器对象和数据集对象等。能以统一方式管理和访问各种不同类型的数据库,如:Microsoft SQL Server,Access,甚至是 Excel 和文本文件。

ADO. NET 的数据存取 API 提供两种数据访问方式,分别用来识别并处理两种类型的数据源,即 SQL Server7.0(及更高的版本)和可以通过 OLE DB 进行访问的其他数据源。为此 ADO. NET 中包含了两个类库,System. Data. SQL 库可以直接连接到 SQL Server 的数据,System. Data. ADO 库可以用于其他通过 OLE DB 进行访问的数据源,如 Access 数据。本节主要讲解以 OLE DB 接口方式访问 Access 数据库的过程和方法。

2. ADO. NET 中的名称空间

ADO. NET 是围绕 System. Data 基本名称空间设计,其他名称空间都是从 System. Data 派生而来。它们使得 ADO. NET 不仅访问 DataBase 中的数据,而且可以访问支持 OLE DB 的数据源。

当我们讨论 ADO. NET 时,实际讨论的是 System. Data 和 System. Data. OleDb 名称空间。这两个空间的所有类几乎都可以支持所有类型的数据源中的数据。这两个名称空间中包含有一些类,类中没有 OleDb 前缀的,派生自 System. Data 空间,有此前缀的派生自 System. Data. OleDb 空间。本节讨论与 OLE DB 接口有关的类。即 OleDbconnection,OleDbDataAdapter,OleDbCommand,OleDbReader 和 DataSet。在使用中,如果要引用 OleDb 前缀的类,必须导入 System. Data. OleDb 名称空间。语法如下:

Imports System. Data. OleDb

3. OLE DB 接口

下例中向导建立数据库连接,实际上生成了一些代码。

以下是 app. config 中部分代码(注意加粗且倾斜代码)。

```
<connectionStrings>
    <add name="brow_address.My.MySettings.address_bookConnectionString"
```

```
        connectionString="Provider=Microsoft.Jet.OLEDB.4.0;Data Source= _
    |DataDirectory|\address_book.mdb"  //数据库连接
        providerName="System.Data.OleDb" /> //数据库类型
    </connectionStrings>
```

以下是 formload 中代码(注意加粗且倾斜代码)。

```
    Private Sub frm_brow_Load(ByVal sender As System.Object,ByVal e As System. _
    EventArgs) Handles MyBase.Load
```

'TODO:这行代码将数据加载到表"Address_bookDataSet.address"中,读者可以根据需要移动或移除它。

```
    Me.AddressTableAdapter.Fill(Me.Address_bookDataSet.address)//连接库中哪个表
    End Sub
```

从上述代码不难得出,上例中是采用 OLE DB 技术与数据库建立连接的。建立数据库连接和访问,采用向导方式并不能随时在程序中有效地对数据库进行操作,所以应该学习编写代码方式访问数据库,即以 SQL 语言方式进行数据库连接、查询及修改等。我们将在下面的章节中详细讲解。

10.3 为个人资料库建立密码

【例 10.4】 设置数据库密码。

任务描述:

为数据库 address_book.mdb 设置密码,并使用代码编程方式在 DataGridView 控件中显示数据库中内容。

任务分析:

数据库中包含着大量的数据信息,有许多的数据是使用者并不希望公开的,如本例中的个人资料,是个人隐私。所以在使用数据库时,需为它设置密码,只有拥有密码的人才能查看数据库中的数据。

任务实现:

(1)要设置数据库密码,必须以独占方式打开数据库,如图 10-15 所示。

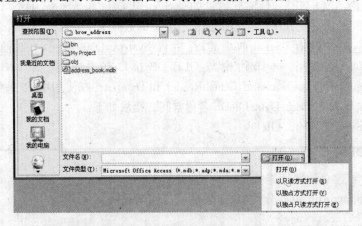

图 10-15 以独占方式打开数据库 address_book.mdb

（2）点击"工具"菜单中子菜单"安全"中的"设置数据库密码"，为数据库设置密码，见图 10-16。

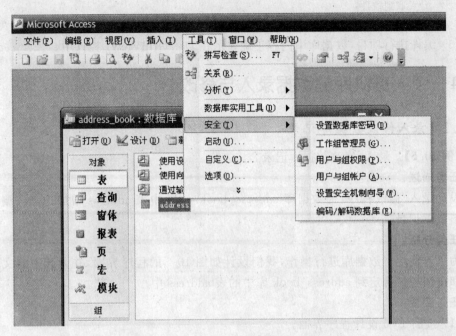

图 10-16　选择"设置数据库"菜单

（3）在"设置数据库密码"对话框中，设置密码为"123456"，点击"确定"按钮，如图 10-17 所示。

（4）按例 10.2 设计界面，新建项目 brow_address_1，加入 DataGridView 控件和返回控件。

（5）例 10.3 中利用向导方式建立了与数据库的连接，用代码方式访问数据库。在 form_load 事件中添加代码如下：（观察与例 10.3 中系统生成代码相似之处）

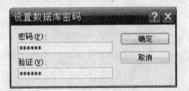

图 10-17　为 address_book.mdb 数据库设置密码

```
Dim strConn As String
    '连接数据库 OleDbConnection
    strConn="Provider=Microsoft.Jet.OLEDB.4.0;Data Source=address_book._
mdb;jet oledb:database password=123456"   //思考如果没有密码,编写数据库连接的_
代码应该如何书写
    Dim objConn As New OleDb.OleDbConnection(strConn)
    objConn.Open()
    '打开表　OleDbDataAdapter
    Dim strSql="Select*From address"
    Dim objAdap As New OleDb.OleDbDataAdapter(strSql,objConn)
    objConn.Close()
    '关联到数据集 DataSet
```

```
Dim objDSet As New DataSet
objAdap.Fill(objDSet,"address")
'关联到控件
DataGridView1.DataSource=objDSet.Tables("address")
```

（6）编译执行项目，数据库中内容正确显示在 DataGridView1 控件中。

10.4　个人资料库的数据录入与修改

10.4.1　录入修改数据库记录

【例 10.5】　录入/修改数据库记录。

任务描述：

设计录入/修改程序，为数据库 address_book. mdb 中表 address 增加、修改、删除个人资料数据记录。

任务分析：

为了方便地对数据库进行操作，我们设计如图 10-6 的程序界面，并为其中的文本框控件和按钮控件绑定到 address_book 库中的表 address 中。

任务实现：

（1）按图 10-6 设计程序界面。

（2）为了在所有按钮中使用数据库连接，定义下列全局变量。

```
Dim mybind As BindingManagerBase
Dim strConn As String="Provider=Microsoft.Jet.OLEDB.4.0;Data Source=_
address_book.mdb;jet oledb:database password=123456"
Dim objConn As New OleDb.OleDbConnection(strConn)
Dim objAdap As New OleDb.OleDbDataAdapter()
Dim objDSet As New DataSet
```

（3）为文本框绑定数据库中字段，将下面代码加入 form_load 中，代码如下。

```
objConn.Open()
Dim strSql="Select* From address"
objAdap.SelectCommand=New OleDb.OleDbCommand(strSql,objConn)
objConn.Close()
objAdap.Fill(objDSet,"address")
tx_name.DataBindings.Add(New Binding("text",objDSet,"address.姓名"))
tx_work.DataBindings.Add(New Binding("text",objDSet,"address.工作单位"))
tx_birth.DataBindings.Add(New Binding("text",objDSet,"address.出生日期"))
tx_h_phone.DataBindings.Add(New Binding("text",objDSet,"address.家庭电话"))
tx_m_phone.DataBindings.Add(New Binding("text",objDSet,"address.移动电话"))
tx_qq.DataBindings.Add(New Binding("text",objDSet,"address.QQ"))
tx_email.DataBindings.Add(New Binding("text",objDSet,"address.E-mail"))
```

此时，编译执行，可显示数据库中 address 表中的第一条记录。

（4）为了在程序代码中均可用绑定，在 form_load 前增加声明。

```
Dim mybind As BindingManagerBase
```

并在 form_load 代码最后增加以下代码。

```
mybind=Me.BindingContext(objDSet,"address")
```

（5）为按钮编写事件代码（暂不考虑异常）。

① bn_first_click 事件

```
mybind. Position＝0
```

② bn_last_click 事件

```
mybind. Position －＝1
```

③ bn_next_click 事件

```
mybind. Position ＋＝1
```

④ bn_end_click 事件

```
mybind. Position＝mybind. count－1
```

⑤ bn_add_click 事件

```
If bn_add.Text="增加" Then
    tx_name.Text="":tx_birth.Text="":tx_h_phone.Text=""
    tx_m_phone.Text="":tx_email.Text="":tx_work.Text=""
    tx_qq.Text=""
    bn_add.Text="确认"
Else
    objConn.Open()
    Dim strin As String="insert into address(姓名,出生日期,工作单位,家庭电_
话,移动电话,qq,email) values ('" & tx_name.Text & " ', '" & tx_birth.Text & "', _
'" & tx_work. Text & " ', '" & tx_h_phone.Text & " ', '" & tx_m_phone.Text & " ', '" & _
tx_qq.Text & " ', '" & tx_email.Text & "')"
' 注释   '"& 变量名 &'"是字符串中使用变量的值的格式
    Dim objCmd As New OleDb.OleDbCommand(strin,objConn)
    objCmd.ExecuteNonQuery()
    objConn.Close()
    Dim strsql="select* from address"
    objAdap.SelectCommand=New OleDb.OleDbCommand(strsql,objConn)
    objDSet.Clear()
    objAdap.Fill(objDSet,"address")
    bn_add.Text="增加"
    mybind.Position= mybind.Count-1
    MsgBox("更新成功")
End If
```

⑥ bn_modi_click 事件。

```
objConn.Open()
Dim strmod As String="update address set 姓名='" & tx_name.Text & "',出生日期_
='" & tx_birth.Text & "',工作单位='" & tx_work.Text & "',家庭电话='" & tx_h_phone. _
```

```
    Text & "',移动电话='" & tx_m_phone.Text & "',qq='" & tx_qq.Text & "',email='" & _
tx_email.Text & "' where 姓名='" & tx_name.Text & "'"
    Dim objCmd As New OleDb.OleDbCommand(strmod,objConn)
    objCmd.ExecuteNonQuery()
    objConn.Close()
    MsgBox("更新成功!")
```

⑦ bn_del_click 事件。

```
objConn.Open()
Dim strDel As String="Delect From address Where 姓名=" & tx_name.Text
Dim objCmd As New OleDb.OleDbCommand(strDel,objConn)
objCmd.ExecuteNonQuery()
objConn.Close()
objDSet.Tables("address").Rows(mybind.Position).Delete()
objDSet.Tables("address").AcceptChanges()
```

（6）由上述程序,可以得出 SQL 访问数据库的方法。

① 创建数据连接。

```
    Dim strConn As String="Provider=Microsoft.Jet.OLEDB.4.0;Data Source=数 _
据库名;jet oledb:database password=密码"
    Dim objConn As New OleDb.OleDbConnection(strConn)
```

② 定义数据适配器对象。

```
Dim objAdap As New OleDb.OleDbDataAdapter()
```

③ 定义数据集对象。

```
Dim objDSet As New DataSet
```

（4）打开连接。

```
objConn.Open()
```

（5）定义并执行 SQL 命令。

```
Dim strSql="Select* From address"(SQL 命令,如:select delete 等)
objAdap.SelectCommand= New OleDb.OleDbCommand(strSql,objConn)
objConn.Close()
```

（6）填充数据集。

```
objAdap.Fill(objDSet,表名)
```

10.4.2　数据绑定

1. 数据绑定

数据绑定是指将数据库中的数据集与某控件关联起来,控件中显示的数据即是数据库中的数据集中的数据。数据绑定分为两种:简单数据绑定和复杂数据绑定。

2. 简单数据绑定

简单数据绑定就是将控件绑定到单个数据字段,如例 10.5 中的文本框和按钮控件。简单数据绑定的方法如下。

声明绑定 dim mybind as BindingMangerBase

设置绑定对象 mybind＝me. BindingContext(数据集对象,表名)

绑定到某个控件 textbox1. DataBindings. Add(New Binding(类型,数据集对象,表中字段))

3. 复杂数据绑定

复杂数据绑定是指允许将多个数据元素绑定到一个控件。如例 10.4 中的 DataGridView 控件。关联的方法为设置控件的 datasource 属性,如:

```
DataGridView1.DataSource=objDSet.Tables("address").
```

10.4.3 SQL 对数据库中表的编辑操作

1. Insert 语句(插入记录)

(1) 语法。

```
        INSERT [INTO] {table_name|view_name} [(column_list)] {DEFAULT VALUES | _
    Values_list| select_statement}
```

(2) 说明。

当向表中插入一条新记录时,其中有一个字段或者几个字段没有提供数据时,有下面的 4 种可能:

• 如果该字段有一个缺省值,该值会被使用。例如,假设插入新记录时没有给字段 third_column 提供数据,而这个字段有一个缺省值 0。在这种情况下,当新记录建立时会插入值 0。

• 如果该字段可以接受空值,而且没有缺省值,则会被插入空值。

• 如果该字段不能接受空值,而且没有缺省值,就会出现错误,此时会收到错误信息:The column in table mytable may not be null

• 最后,如果该字段是一个标识字段,那么它会自动产生一个新值。当向一个有标识字段的表中插入新记录时,只要忽略该字段,标识字段会给自己赋一个新值。

2. Delete 语句(删除记录)

(1) 语法。

```
    DELETE [FROM] {table_name|view_name} [WHERE clause]
```

(2) 说明。

• 要从表中删除一个或多个记录,需要使用 DELETE 语句,并且使用 WHERE 子句来选择要删除的记录。例如,下面的这个 DELETE 语句只删除字段性别为女的记录:

```
    DELETE mytable WHERE 性别= '女'
```

• WHERE 子句中可以使用条件,如:

```
    DELETE mytable WHERE first_column='goodby'OR second_column='so long'
```

• 如不使用 WHERE 子句,则表中的所有记录都将被删除。

3. Update 语句（更新记录）

（1）语法。

```
UPDATE {table_name|view_name} SET [{table_name|view_name}]
{column_list|variable_list|variable_and_column_list}
[,{column_list2|variable_list2|variable_and_column_list2}...
[,{column_listN|variable_listN|variable_and_column_listN}]]
[WHERE clause]
```

（2）说明。

SQL 语言使用 UPDATE 语句更新或修改满足规定条件的现有记录。如下：

```
UPDATE employee set age=age+1 where first_name='Mary' and last_name='Williams';
```

更新 employee 表中 first_name 为'mary'而且 last_name 为'williams'的年龄为原年龄加一。

10.5 个人资料库的数据的查询

10.5.1 查询个人资料库中的数据

【例 10.6】 查入个人资料库中的数据。

任务描述：

依据图 10-8 设计查询程序。将查询为按姓名模糊查询和按电话查询两种方式来查询个人资料数据记录。

任务分析：

数据库中包含着大量的数据信息，我们在使用时，每次的着重点不同，则需要查看的数据不同，本例中如果个人资料中有几百个人的信息（记录），而我们需要某个人的个人信息，从这么多数据中找出此人信息，不是件易事，如果只显示符合条件的信息，则方便得多了。

任务实现：

（1）按图 10-8 设计程序界面。

（2）设计查询程序代码如下。

```
If cb_type.SelectedIndex=0 Then        '按姓名模糊查询
    objConn.Open()
    Dim finstr=tx_find.Text & "%"
    Dim strSql="Select* From address where 姓名 LIKE '" & finstr & "'"
    objAdap.SelectCommand=New OleDb.OleDbCommand(strSql,objConn)
    objConn.Close()
    objAdap.Fill(objDSet,"address")
    da_record.DataSource=objDSet.Tables("address")
Else                                   '按电话查询
    objConn.Open()
```

```
    Dim finstr=tx_find.Text & "% "
    Dim strSql="Select* From address where 家庭电话='" & tx_find.Text & "' or _
移动电话='" & tx_find.Text & "'"
    objAdap.SelectCommand=New OleDb.OleDbCommand(strSql,objConn)
    objConn.Close()
    objAdap.Fill(objDSet,"address")
    da_record.DataSource=objDSet.Tables("address")

    End If
```

10.5.2　SQL 查询语句的应用

在前面我们学习了 SELECT 语句,本节使用了它作为数据查询的语句,它简单、方便,功能强大。这里我们通过介绍 SELECT 的子句,详细说明 SELECT 语句的高级应用方法。

1. WHERE 子句

WHERE 子句(可选)指出哪个数据或者行将被返回或者显示,它是根据关键字 WHERE 后面描述的条件来操作的。在 WHERE 子句中可以有以下的条件选择:

(1) 范围运算符例:age BETWEEN 10 AND 30 相当于 age>=10 AND age<=30

(2) 列表运算符例:country IN ('Germany','China')

(3) 模式匹配符例:常用于模糊查找,它判断列值是否与指定的字符串格式相匹配。可用于 char,varchar,text,ntext,datetime 和 smalldatetime 等类型查询。

可使用以下通配字符。

百分号%:可匹配任意类型和长度的字符,如果是中文,请使用两个百分号即%%。

下画线_:匹配单个任意字符,它常用来限制表达式的字符长度。

方括号[]:指定一个字符、字符串或范围,要求所匹配对象为它们中的任一个。[^]:其取值也与[]相同,但它要求所匹配对象为指定字符以外的任一字符。

例如:

限制以 Publishing 结尾,使用 LIKE '%Publishing'

限制以 A 开头:LIKE '[A]%'

限制以 A 开头外:LIKE '[^A]%'

(4) 空值判断符,例 WHERE age IS NULL

(5) 逻辑运算符:优先级为 NOT,AND,OR

如:select * from 基本情况 where 班级="计科 0802 班"

```
    Select* from 成绩表    where 计算机基础>=80
    select first,last,city from empinfo where first LIKE 'Er%';
```

2. DISTINCT 选项

使用 DISTINCT 选项时,对于所有重复的数据行在 SELECT 返回的结果集合中只保留一行。否则为 ALL。

3. ORDER BY 子句

使用 ORDER BY 子句对查询返回的结果按一列或多列排序。ORDER BY 子句的语法格式为：

```
ORDER BY {column_name [ASC|DESC]} [,...n]
```

其中 ASC 表示升序，为默认值，DESC 为降序。ORDER BY 不能按 ntext,text 和 image 数据类型进行排序。

例如：

```
SELECT* FROM usertable ORDER BY age desc,userid ASC
```

4. FROM 子句

由于篇幅有限，只介绍单个表的数据库，在实际应用程序中，有多个表。表和表之间存在联系的很多，有时需要在多个表中选择需要查询的字段的值，此时，要用 FROM 子句。

FROM 子句指定 SELECT 语句查询及与查询相关的表或视图。在 FROM 子句中最多可指定 256 个表或视图，它们之间用逗号分隔。

在 FROM 子句同时指定多个表或视图时，如果选择列表中存在同名列，这时应使用对象名限定这些列所属的表或视图。例如在 usertable 和 citytable 表中同时存在 cityid 列，在查询两个表中的 cityid 时应使用下面语句格式加以限定：

```
SELECT username,citytable.cityid FROM usertable,citytable
WHERE usertable.cityid=citytable.cityid
```

10.6　综合实训

【例 10.7】　多表输入/查询界面。

任务描述：

在个人通讯录中增加好友分组表(f_group)，并在 address 表中增加分组字段 group_id，设计包含分组输入界面，并完成相应功能。在 address 表中，修改表结构，增加 group_id 字段。新增数据表 f_group，其中字段为"id"(唯一标识，自动编号)和"group_name"(组名)"。为了完成多表查询，需要建立两表之间的关联。在例 10.5 的基础上，增加分组，修改相应按钮代码，完成输入功能。

任务分析：

本任务完成数据库中多表的操作，无论是多表的数据的输入，还是查询，都要注意建立表之间的关联，这样才能关联上多表中的相关信息。但建立关联时应注意数据的参照完整性的设置。

任务实现：

(1) 新建一个 f_group 表，在其中建立两个字段 id 和 group_name，字段类型设置如图 10-18 所示。设置 id 为主键。

(2) 在 addree_book 中增加 group_id 字段，如图 10-19 所示。

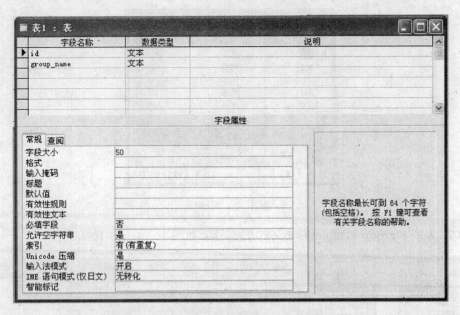

图 10-18　f_group 表设计视图

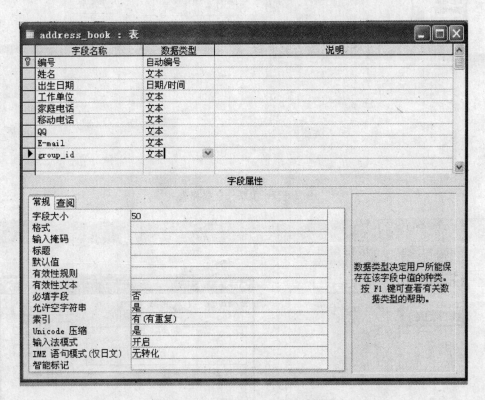

图 10-19　address_book 表设计视图

（3）为表 f_group 增加分组类别数据，如图 10-20 所示。

（4）在表 address_book 中为 group_id 增加数据。

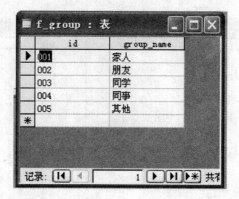

图 10-20　分组

（5）为表 f_group 和 address_book 增加关联，如图 10-21～图 10-23 所示。

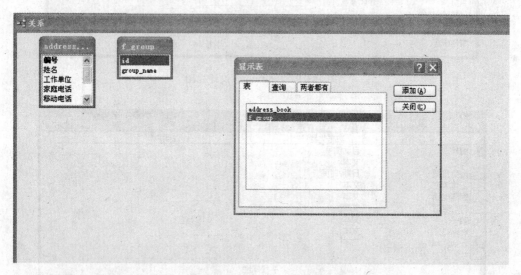

图 10-21　关联——添加表

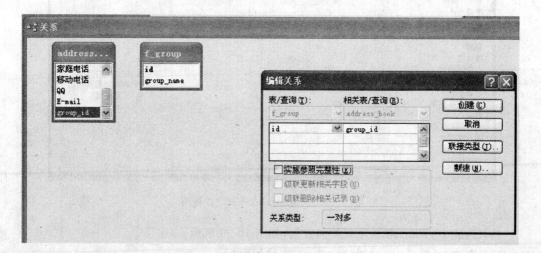

图 10-22　关联 id 和 group_id

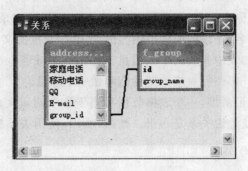

图 10-23　建立关系

（6）在例 10.5 上增加"分组"，其他控件——如文本框、标签、按钮不变。

（7）修改按钮代码，显示相关查询信息。

10.7　自主学习

10.7.1　数据库基础知识

Access 是微软公司推出的基于 Windows 的桌面关系数据库管理系统（Relational Database Management System，RDBMS），是 Office 系列应用软件之一，是一个小型数据库。它提供了表、查询、窗体、报表、页、宏、模块 7 种用来建立数据库系统的对象；提供了多种向导、生成器、模板，把数据存储、数据查询、界面设计、报表生成等操作规范化；为建立功能完善的数据库管理系统提供了方便，也使得普通用户不必编写代码，就可以完成大部分数据管理的任务。

1. 数据库和数据模型

数据库，顾名思义，是指数据的仓库，即可以对大量数据进行管理的数据仓库。数据库中的数据以某种组织形式存储，这种存储方式称为数据模型，它决定数据（主要是节点）之间联系的表达方式。数据模型主要包括层次型、网状型、关系型和面向对象型 4 种。而4 种模型决定了 4 种类型的数据库：层次数据库系统、网状数据库系统、关系型数据库系统以及面向对象数据库系统。

目前微机上使用的主要是关系型数据库。

2. 关系型数据库

关系型数据库中，数据被组织成若干张二维表，每张表称为一个关系，如例 10.1 中建立的表，可以为它添加内容如表 10-6 所示，这张个人通讯录表，就可以称为一个关系。

表 10-6　个人通讯录

姓名	出生日期	工作单位	家庭电话	移动电话	QQ	E-mail
张兰	1989.10	风昱科技	88885032	1354789123	22558711	zl@yahoo.com.cn
黄曲风	1988.1	神龙富康	87286511	1897165478	6335789	hqf@163.com
覃雨	1990.2	长丰机械	863541741	1547966557	565744411	qy@126.com

　　一张表格中的一列称为一个"属性"，如"姓名"列，相当于记录中的一个字段，属性的取值范围称为域，如"姓名"字段的取值范围为最大 10 个长度的文本。表格中除第一行外的行称为一个"记录"，如表中张兰的个人信息。可用一个或若干个属性集合的值标识这些记录，称为"关键字"。每一行对应的属性值叫做一个分量。

　　表格的框架相当于记录型，一个表格数据相当于一个同质文件。所有关系由关系的框架和若干记录构成，或者说关系是一张二维表，所以，使用关系型数据库系统建立表和库很容易。

10.7.2　SQL 基础

1. SQL 简介

　　SQL 是 Structured Query Language（结构化查询语言）的缩写，是数据库中使用的标准数据查询语言。SQL 是高级的非过程化编程语言，允许用户在高层数据结构上工作。它不要求用户指定对数据的存放方法，也不需要用户了解具体的数据存放方式，所以具有完全不同底层结构的不同数据库系统可以使用相同的 SQL 语言作为数据输入与管理的接口。SQL 功能强大、简单易学、使用方便，已经成为了数据库操作的基础，并且现在几乎所有的数据库均支持 SQL。使用 SQL 语句，程序员和数据库管理员可以完成如下任务。

- 改变数据库的结构；
- 更改系统的安全设置；
- 增加用户对数据库或表的许可权限；
- 在数据库中检索需要的信息；
- 对数据库的信息进行更新。

SQL 语言包含 4 个部分：

- 数据查询语言（SELECT 语句）；
- 数据操纵语言（INSERT，UPDATE，DELETE 语句）；
- 数据定义语言（如 CREATE，DROP 等语句）；
- 数据控制语言（如 COMMIT，ROLLBACK 等语句）。

例 10.6 中，Dim strSql＝"Select ＊ From address"使用了数据查询语言。

2. 数据查询语言（SELECT 语句）

　　从数据库中获取数据称为查询数据库，在 SQL 中用于数据查询的语句只有一条——SELECT 语句。该语句用途广泛，应用灵活，功能丰富。

　　(1) SELECT 语句基本语法（SELECT 语句的完整语句比较复杂，所以这里只列举它的主要子句）。

```
SELECT [ALL | DISTINCT][TOP n] select_list
[INTO new_table]
[FROM table_source]
[WHERE search_condition]
```

[GROUP BY group_by_expression]

[HAVING search_condition]

[ORDER BY order_by_expression[ASC | DESC]]

[COMPUTE expression]

其中,[ ]表示可选项,SELECT 子句是必选的,其他子句都是可选的。

下面具体说明语句中各参数的含义。

SELECT 子句　用来指定由查询返回的列(字段、表达式、函数表达式、常量)。基本表中相同的列名表示为:〈表名〉、〈列名〉。

INTO 子句　用来创建新表,并将查询结果行插入到新表中。

FROM 子句　用来指定从中查询行的源表。可以指定多个源表,各个源表之间用","分隔;若数据源不在当前数据库中,则用"〈数据库名〉.〈表名〉"表示;还可以在该子句中指定表的别名,定义别名表示为:〈表名〉as〈别名〉。

WHERE 子句　用来指定限定返回的行的搜索条件。

GROUP BY 子句　用来指定查询结果的分组条件,即归纳信息类型。

HAVING 子句　用来指定组或聚合的搜索条件。

ORDER BY 子句　用来指定结果集的排序方式。

COMPUTE 子句　用来在结果集的末尾生成一个汇总数据行。

例 10.6 中 Select * From address 表示查询表 address 中所有列。

(2) SELECT 语句使用规范。

- 不区分大小写,即 SELECT,select 相同;
- 每条语句以分号结束;
- 可以写在多行上。

思 考 题 十

请设计一个简单的学生成绩管理程序,要求设计相应的界面,根据菜单处理相应功能。

(1) 每个学生的信息包括:学号、性别、成绩 1、成绩 2、成绩 3、成绩 4;

(2) 管理功能包括输入学生成绩,求平均成绩、查找、筛选、排序;

(3) 输入学生成绩用 InputBox 函数实现,学生的个数也由用户输入;

(4) 求平均成绩可按个人或科目进行,结果通过文本框输出;

(5) 查找可按个人、平均分、科目进行,结果通过文本框输出;

(6) 可以实现按指定的性别筛选或按高于指定的个人平均分筛选,结果通过文本框输出;

(7) 可以实现按平均成绩排序,结果通过文本框输出;

(8) 要求界面美观,布局合理,实用性强。

第 11 章　Visual Basic. NET 与 web 程序设计

> **学习要点**
> - 了解 Web 基本原理及其应用技术。
> - 熟悉 Web 应用程序开发环境。
> - 掌握 VB. NET 下的开发网页应用程序步骤。

11.1　建立 Web 窗体

11.1.1　第一个 Web 窗体

【例 11.1】　建立一个 Web 窗体。

任务描述：

编写一个 Web 窗体，创建进入"个人资料信息"的封面网页，并在 IE 浏览器中打开。

任务分析：

建立第一个 Web 页面，在上面添加 image 控件（显示美观的封面页），lable 控件（"欢迎进入"），hyperlink 控件（链接显示个人信息的页面），并为它们设置相应的属性和代码。

任务实现：

1. 安装 IIS

（1）插入需要使用的安装光盘（与本机操作系统相同的系统安装盘）。

（2）打开"控制面板"，然后单击启动"添加→删除程序"，在弹出的对话框中选择"添加→删除 Windows 组件"，在 Windows 组件向导对话框中选中"Internet 信息服务（IIS）"，然后单击"下一步"，按向导指示，完成对 IIS 的安装，如图 11-1 所示。

2. 编写程序

（1）运行 VB. NET 软件，在"起始页"窗口中，单击"文件"→"新建"→"网站"菜单命令，弹出"新建网站"对话框，如图 11-2 所示。在"模板"中，选择"ASP. NET 网站"选项，在"位置"下拉列表中选择"HTTP"，设置保存路径为"http://localhost/个人资料"。

该程序存储在 IIS 中的 WWW 服务站点的根中，通常该根位于"c:\inetpub\wwwroot"目录中。

（2）单击"确定"按钮，创建一个新的 Web 项目。

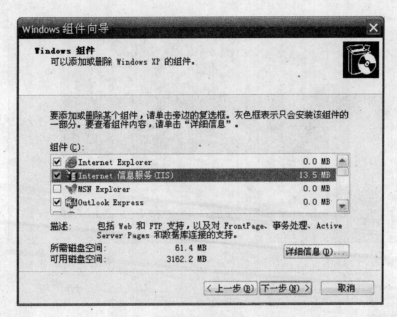

图 11-1　安装 IIS

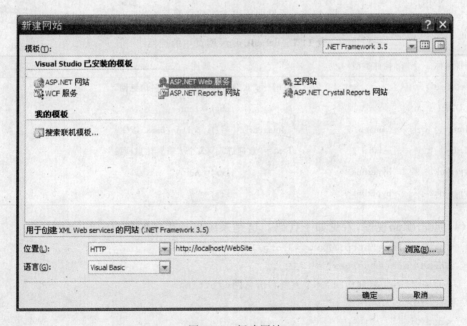

图 11-2　新建网站

（3）在 Default. aspx 选项中，选择"设计"视图模式，将工具箱中 image 控件、lable 控件、hyperlink 控件拖动到 div 中，如图 11-3 所示，并分别设置各自属性如表 11-1 所示。

图 11-3　所见即所得方式建立网页内容

表 11-1　default. aspx 网页中的控件

控件名称	控件类型	属性	说明
document		Title＝"欢迎访问 XX 个人资料信息网"	
DIV		align＝center	
Image1	image	Imageurl＝"~/App_Data/back. JPG"	
Label1	label	Text＝"欢迎进入 XX 个人资料信息网站"	
Hyperlink1	hyperlink	Text＝"进入"	
Hyperlink2	hyperlink	Text＝"离开"	

（4）点击源码视图，看见如下代码。这是系统自动生成的代码。

```
<html xmlns="http://www.w3.org/1999/xhtml">
<head runat="server">
    <title> 欢迎访问 XX 个人资料信息网</title>
</head>
<body>
    <form id="form1" runat="server">
    <div align="center">    '设置居中
        <asp:Image ID="Image1" runat="server" Height="292px" Width="479px"
            ImageUrl="~ /App_Data/back.JPG" />    'image 图片的设置
        <br/>
        <asp:Label ID="Label1" runat="server" Text="欢迎进入 XX 个人资料信息 _
网站"> </asp:Label>
```

```
          <br/>
          <asp:HyperLink ID="HyperLink1" runat="server">进入</asp:HyperLink> _
        
          <asp:HyperLink ID="HyperLink2" runat="server">离开</asp:HyperLink>
      </div>
      </form>
  </body>
      </html>
```

（5）单击"启动"按钮，运行程序。系统会启动 IE 浏览器显示程序运行结果。

11.1.2　ASP. NET 简介

1. 什么是 ASP

ASP 是一种使嵌入网页中的脚本可由因特网服务器执行的服务器端脚本技术。指 Active Server Pages（动态服务器页面），运行于 IIS 之中的程序。ASP. NET 不仅仅是 Active Server Page（ASP）的下一个版本，而且是一种建立在通用语言上的程序构架，能 被用于一台 Web 服务器来建立强大的 Web 应用程序。ASP. NET 提供许多比现在的 Web 开发模式强大的功能。

2. ASP. NET 的特点

1）执行效率大幅提高

ASP. NET 是把基于通用语言的程序在服务器上运行。不像以前的 ASP 即时解释 程序，而是将程序在服务器端首次运行时进行编译，这样的执行效果，当然比一条一条的 解释强很多。

2）所见即为所得的编辑

ASP. NET 构架可以用 Microsoft（R）公司最新的产品 Visual Studio. net 开发环境 进行开发，是所见即为所得的编辑。

3）强大性和适应性

因为 ASP. NET 是基于通用语言的编译运行的程序，所以它的强大性和适应性可以 使它运行在 Web 应用软件开发者的几乎全部的平台上。通用语言的基本库，消息机制、 数据接口的处理都能无缝地整合到 ASP. NET 的 Web 应用中。ASP. NET 同时也是 language-independent 语言独立化的，所以，可以选择一种最适合的语言来编写程序，或者 把用户的程序用很多种语言来写，现在已经支持的有 C♯（C++和 Java 的结合体），VB， Jscript。将来，这样的多种程序语言协同工作的能力可以保护现在的基于 COM+开发的 程序，能够完整地移植向 ASP. NET。

4）简单性和易学性

ASP. NET 使运行一些很平常的任务，如表单的提交、客户端的身份验证、分布系统 和网站配置变得非常简单。例如 ASP. NET 页面构架允许建立你自己的用户分界面，使 其不同于常见的 VB 界面。

11.2　显示个人信息网页

11.2.1　建立显示个人信息网页

【例 11.2】　建立显示个人信息网页。

任务描述：

在例 11.1 建立的"个人资料"解决方案中添加网页，显示第 10 章中建立的 address 表中的数据。

任务分析：

前面我们建立了 Access 中的数据库——"个人通讯库"，在这个网页上，通过网页显示库中包含姓名、出生日期、工作单位、家庭电话、移动电话、QQ、E-mail 的通讯地址表。

任务实现：

（1）打开例 11.1 建立的个人资料解决方案，在项目中添加新的 Web 窗体，如图 11-4 所示，名称为"info. aspx"。

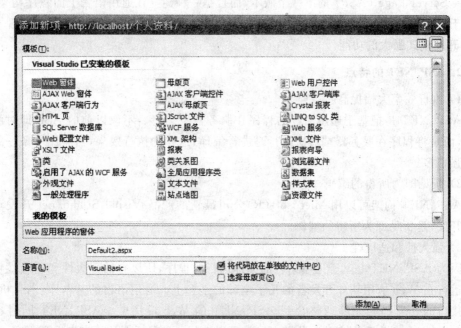

图 11-4　添加 Web 窗体

（2）在 info. aspx 设计视图中，添加工具箱中"数据"中的"GridView"控件，点击控件右侧的箭头，在弹出的"GridView 任务"中，选择数据源为"新建数据源"，如图 11-5 所示。

（3）在"数据源配置向导"中"选择数据源类型"为"Access 数据库"，点击"确定"按钮，如图 11-6 所示。

（4）在"配置数据源"对话框中"选择数据库"为"～/App_Data/address_book. mdb"，点击"下一步"按钮，如图 11-7 所示。

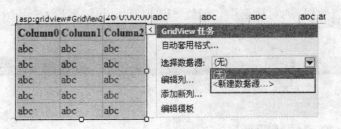

图 11-5　添加数据源

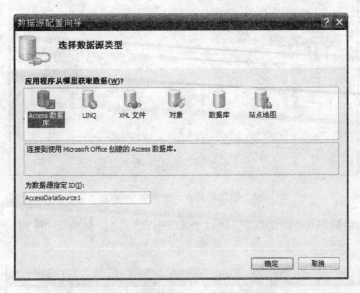

图 11-6　数据源配置向导——选择数据源类型

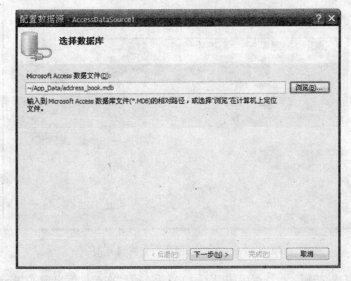

图 11-7　配置数据源——选择数据库

（5）在"配置数据源"对话框中，"配置 SELECT 语句"，名称为"address"，列为"＊"，如图 11-8 所示。

图 11-8　配置数据源——配置 Select 语句

（6）在"配置数据源"对话框的"测试查询"中，点击"测试查询"按钮，预览该查询结果，如图 11-9 所示。

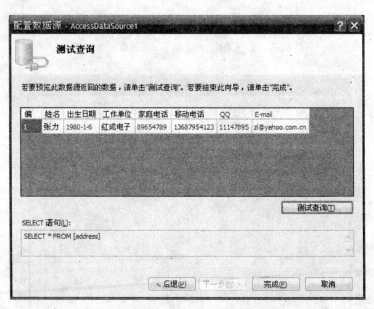

图 11-9　配置数据源——测试查询

（7）点击"完成"按钮。设计视图如图 11-10 所示。看到在控件下出现了"AccessData Source-AccessDataSource1"，这是刚才建立的 Access 数据源。此时，浏览该网页，即可显示表中数据到网页上，如图 11-11 所示。

编号	姓名	出生日期	工作单位	家庭电话	移动电话	QQ	E-mail
0	abc	2010-1-26 0:00:00	abc	abc	abc	abc	abc
1	abc	2010-1-26 0:00:00	abc	abc	abc	abc	abc
2	abc	2010-1-26 0:00:00	abc	abc	abc	abc	abc
3	abc	2010-1-26 0:00:00	abc	abc	abc	abc	abc
4	abc	2010-1-26 0:00:00	abc	abc	abc	abc	abc

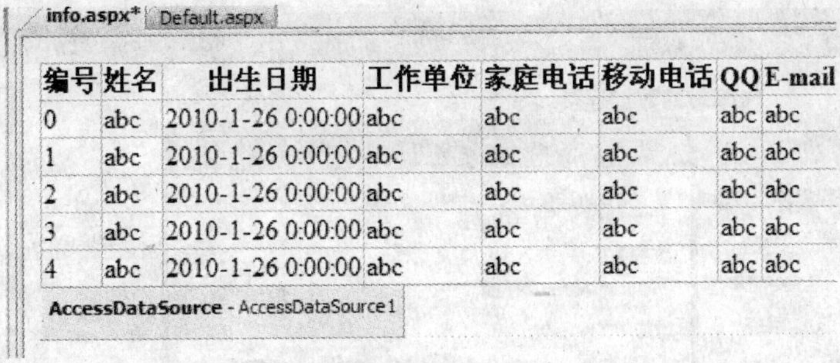

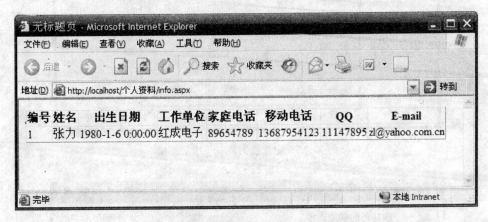

图 11-10　添加数据源后的 GridView

图 11-11　浏览显示结果

(8) 点击源，看看代码。(数据源连接部分)

```
<asp:AccessDataSource ID="AccessDataSource1" runat="server"
DataFile="~ /App_Data/address_book.mdb" SelectCommand="SELECT* FROM _
[address]">
</asp:AccessDataSource>
```

11.2.2　Web 程序设计与数据库

在 VB. NET 系统中设计 Web 程序来访问数据库，有两种方式。

1. 向导方式

(1) AccessDataSource 控件，可以为网页配置数据源，如例 11.2 所示。但是 AccessDataSource 控件配置的数据源，连接的 Access 数据库不能有密码设置，如果有密码，必须用 SqlDataSource 控件方式来配置 Access 数据源。

(2) SqlDataSource 控件，也可以为网页配置数据源，其增加连接的方式与第 10 章中连接数据库方法相似。如图 11-12～图 11-15 所示。SqlDataSource 还可配置 SQL Sever 数据源等。

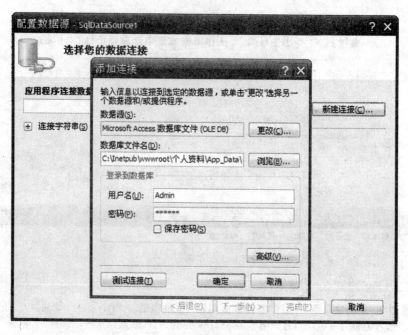

图 11-12　配置数据源——添加连接

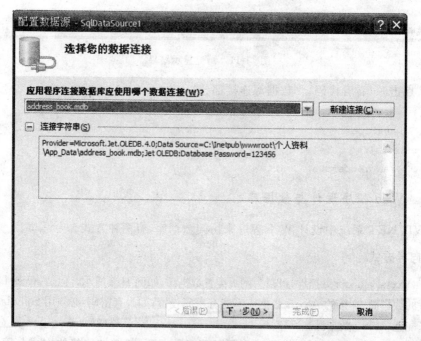

图 11-13　连接后的"连接字符串"

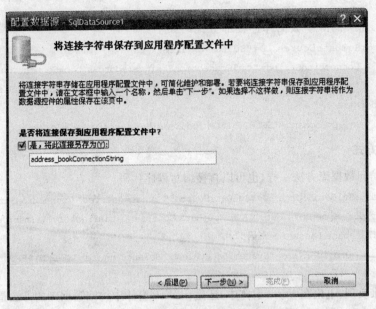

图 11-14　是否保存连接字符串到配置文件

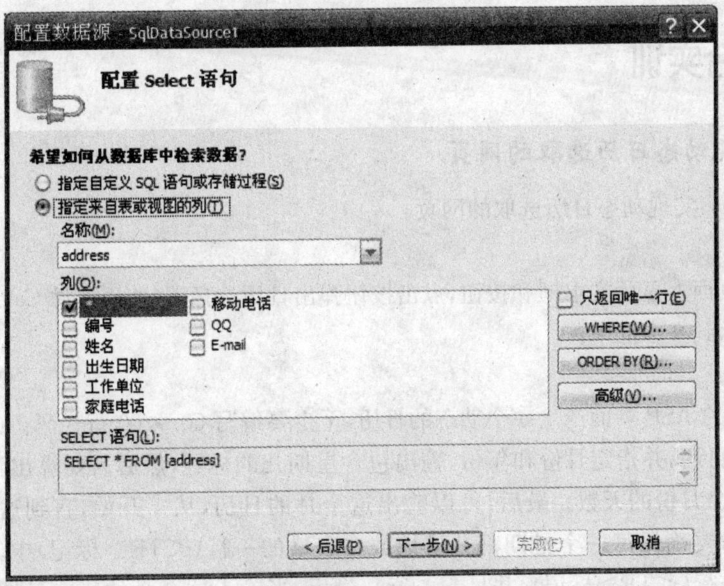

图 11-15　配置数据源——配置 Select 语句

在配置文件 web. config 中观察连接字符串如下：

```
<connectionStrings>
  <add name="address_bookConnectionString" connectionString="Provider=_
Microsoft. Jet.OLEDB.4.0;Data Source=C:\Inetpub\wwwroot\个人资料\App_Data\ _
address_book.mdb;Jet OLEDB:Database Password=123456"
  providerName="System.Data.OleDb" />
```

```
        </connectionStrings>
```

在 info. aspx 的源中数据库连接部分代码如下：

```
    <asp:SqlDataSource ID="SqlDataSource1" runat="server"
        ConnectionString="<%$ConnectionStrings:address_bookConnectionString %>"
          ProviderName="<%$ConnectionStrings:address_bookConnectionString. _
    ProviderName %>"
        SelectCommand="SELECT* FROM [address]"></asp:SqlDataSource>
```

2. 代码方式

与上章访问数据库方法一样，也可以直接编写程序代码。

```
        <asp:SqlDataSource ID="SqlDataSource1" runat="server" ConnectionString _
    ="Provider=Microsoft.Jet.OLEDB.4.0;Data Source=|DataDirectory|\a.mdb;Jet _
    OLEDB:Database Password=密码"
            ProviderName="System.Data.OleDb" SelectCommand="SELECT * FROM _
    [表名字]"> </asp:SqlDataSource>
```

我们不难发现，不论在 Form 窗体中，还是在 Web 窗体中访问数据库的方法是相似的。我们可以举一反三。

11.3　综合实训

11.3.1　实现动态日历选取的网页

【例 11.3】 实现动态日历选取的网页。

任务描述：

在 Web 页面上显示文本框和按钮，点击按钮弹出日历选择器（使用控件 Calendar），选择日历中日期，显示到文本框中。

任务分析：

使用传统的 ASP 页面产生一个动态的日历，至少要编写 50～200 行代码。必须创建一个表格来保存该日历，并指定月份和年份，输出包含星期几的标题，然后需要算出当前月份开始的日子以及这个月份的天数。最后，可以输出这个月的日历，从 1 开始，直到这个月的结尾。当输出日历时，要确保每一个星期都并排地放在表格的一行（<TR>标记）中。当到达周末时，需要结束该行（<TR>标记），并另起一行。最后，当输入这个月的所有日期之后，可能还需要输出一些空白的日期，使表格在屏幕上看起来比较单调。所有这些都需要很多的 ASP 代码，特别是在使日历动态生成的情况下。

任务实现：

(1) 在 VB. NET 中创建一个新的 ASP. NET web Application 工程，将其命名为 Hello world，确保选择默认的 http://localhost/作为该工程的位置，如图 11-16 所示。

单击 OK 按钮，显示出一个新的解决方案。在 VB. NET 创建一个新的 Web Form，将其命名为 webForm1. aspx(. aspx 是 ASP. NET 文件的新扩展名)。

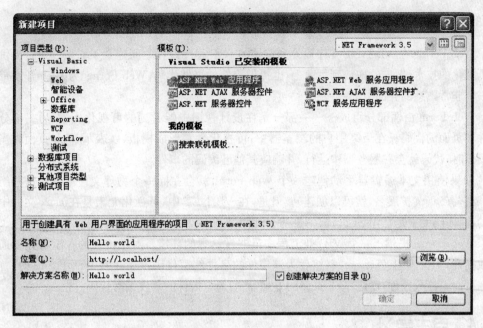

图 11-16　建立日历网页

　　(2) 在设计视图中打开 Web Form。从工具箱中,查找 Web Forms 组下的 Calendar 控件。双击或拖放它到该窗体上。现在,在 Web 页面上就有一个功能齐全的日历了——尽管它看上去非常单调,如图 11-17 所示。

图 11-17　Calendar 控件

　　(3) 加入 textbox1 控件和 button1 控件,将 Calendar1 的 Visible 属性设置为 False。

　　(4) 在 button1 控件和 Calendar1 控件上添加如下代码:

```
Protected Sub Button1_Click(ByVal sender As Object,
ByVal e As EventArgs)Handles Button1.Click
    Calendar1.Visible=True
End Sub
Protected Sub Calendar1_SelectionChanged(ByVal sender As Object,ByVal e As _
EventArgs) Handles Calendar1.SelectionChanged
    TextBox1.Text=Calendar1.SelectedDate
    Calendar1.Visible=False
End Sub
```

　　(5) 在浏览器上,点击按钮出现日历,该日历不是一个静态的日历,而是完全交互式的。单击任何日期,它就会变成高亮色。在日期上单击可以将日期显示到文本框中。

　　(6) Web 窗体包含在运行期间执行的 Calendar 控件、textbox1 控件和 button1 控件。它们都是 Web Form 服务器控件,该 Web Form 服务器控件在浏览器上输出要浏览的纯 HTML(IE 和Netscape 4.0 或以上版本)。然后用 VB. NET 去开发它,就像开发和部署 VB. NET Windows Form 一样。

11.3.2　剖析 Web Form

　　Web Forms 在 VB. NET 程序设计和传统的 ASP 程序设计之间建立了联系。通过提供一个可视化的技术，把控件拖放到页面上，也提供控件的事件代码，Web Forms 为 Web 开发带来了一个非常熟悉的界面。

　　Web Form 由两部分组成———一部分是在设计视图中能看到的可视化元素，另一部分是控件和页面的代码。在最终用户的浏览器中，可视化元素形成模板，以表示 Web 页面。当加载页面时，代码就会在服务器中运行，并响应其他已编码的事件。

　　如果使用文本编辑器手动创建一个 Web Form，就会在同一个物理文件中创建这些组件（只要它有.aspx 扩展名，就可以创建）。但是，在 VB. NET 中，可视化元素是在 aspx 文件中定义的，而代码元素是在 Web Form 附带的 VB. NET 文件中定义的。

　　Web Forms 提供了一个 VB. NET 程序员非常熟悉的环境。对于传统的 VB，首先要通过拖放控件，为窗体"上色（paint）"，然后为该控件的事件编写代码。在开发 Web Forms 时，首先要在页面上拖放控件，创建 Web 页面的外观，然后为该控件的事件编写代码。

11.4　自主学习

11.4.1　HTML 介绍

1. HTML 简介

- HTML 指超文本标签语言。
- HTML 文件是包含一些标签的文本文件。
- 这些标签告诉 Web 浏览器如何显示页面。
- HTML 文件必须使用 htm 或者 html 作为文件扩展名。
- HTML 文件可以通过简单的文本编辑器来创建。

2. HTML 例子

```
<html>
<head>
<title> 页面的标题</title>
</head>
<body>
<p> 这是我的第一个页面。<b> 这是粗体文本。</b> </p>
</body>
</html>
```

说明：

　　HTML 文件中的第一个标签是<html>。这个标签告诉浏览器这个 HTML 文件的开始点。文件中最后一个标签是</html>。这个标签告诉浏览器，这是 HTML 文件的结束点。

　　<head>标签和</head>标签之间的文本是头信息。头信息不会显示在浏览器窗口中。

<title>标签中的文本是文件的标题。标题会显示在浏览器的标题栏。

<body>标签中的文本是将被浏览器显示出来的文本。

和标签中的文本将以粗体显示。

3. 常用标签

基本的 HTML 标签如表 11-2 所示。

表 11-2　基本的 HTML 标签

标签	描述
<html>	定义 HTML 文档
<body>	定义文档的主体
<h1>to<h6>	定义标题 1 至标题 6
<p>	定义段落
 	插入折行
<hr>	定义水平线
<! -->	定义注释

11.4.2　IIS 简介

1. IIS(Internet 信息服务)

IIS 是 Internet Information Services 的缩写,它是微软公司主推的服务器。IIS 与 Windows Server 完全集成在一起,因而用户能够利用 Windows Server 和 NTFS(NT File System,NT 的文件系统)内置的安全特性,建立强大、灵活而安全的 Internet 和 Intranet 站点。IIS 支持 HTTP(Hypertext Transfer Protocol,超文本传输协议),FTP(File Transfer Protocol,文件传输协议)以及 SMTP 协议,通过使用 CGI 和 ISAPI,IIS 可以得到高度的扩展。

2. IIS 的特点

(1) IIS 支持与语言无关的脚本编写和组件,通过 IIS,开发人员就可以开发新一代动态的、富有魅力的 Web 站点。IIS 不需要开发人员学习新的脚本语言或者编译应用程序,IIS 完全支持 VBScript,JavaScript 开发软件以及 Java,它也支持 CGI 和 Win CGI,以及 ISAPI 扩展和过滤器。

(2) IIS 适应性强,同时系统资源的消耗也是最少,IIS 的安装、管理和配置都相当简单,这是因为 IIS 与 Windows Server 网络操作系统紧密地集成在一起。

(3) IIS 支持 ISAPI,使用 ISAPI 可以扩展服务器功能,而使用 ISAPI 过滤器可以预先处理和事后处理储存在 IIS 上的数据。用于 32 位 Windows 应用程序的 Internet 扩展可以把 FTP,SMTP 和 HTTP 协议置于容易使用且任务集中的界面中,这些界面将 Internet 应用程序的使用大大简化,IIS 也支持 MIME(Multipurpose Internet Mail Extensions,多用于 Internet 邮件扩展),它可以为 Internet 应用程序的访问提供一个简单的注册项。

(4) IIS 的一个重要特性是支持 ASP. NET。IIS 3.0 版本以后引入了 ASP,可以很容易地添加动态内容和开发基于 Web 的应用程序。对于诸如 VBScript,JavaScript 开发软件,或者由 Visual Basic,Java,Visual C++开发系统,以及现有的 CGI 和 Win CGI 脚本开发的应用程序,IIS 都提供强大的本地支持。

思考题十一

1. 用 VB 设计一个网页程序,显示指定年份的公历表和农历表,要求如下:

(1) 输入年份为 1990~2050;

(2) 可以选择输出公历表或农历表;

(3) 农历表包括二十四节气;

(4) 要求在文本框中输入年份,单击"显示"按钮在网页中输出公历表或农历表;

(5) 要求界面美观,布局合理,实用性强。

2. 搜集资料,设计一个以"低碳生活"为主题的小型网站。

参 考 文 献

[1] 龚佩曾. 2010. VB. NET 程序设计教程. 北京:高等教育出版社.
[2] 谢永红. 2009. VB. NET 程序设计案例教程. 北京:清华大学出版社.
[3] 童爱红. 2008. VB. NET 程序设计实用教程. 北京:清华大学出版社.
[4] 沈大林. 2006. VB. NET 程序设计实例教程. 北京:电子工业出版社.